数控加工与仿真软件应用丛书

VERICUT 数控仿真实例精解

李海泳　彭　雨　何　亿　李耀东　王　军　编著

机械工业出版社

本书基于 VERICUT 9.0 平台的实际操作内容编写而成，遵循从理论到实践、由浅入深的思路，图文并茂、通俗易懂。主要内容包括 VERICUT 仿真介绍、VERICUT 刀具库、VERICUT 机床构建、VERICUT 控制系统配置、VERICUT 进给速度优化、VERICUT-Force 切削力优化、VERICUT 测量编程与仿真、基于 SIEMENS NX 接口仿真模板应用和基于 CATIA 接口仿真模板应用。

　　本书可供职业院校数控技术应用专业学生和企业的数控技术人员学习和使用，也可作为 CGTech 中国公司的用户培训教程及全国数控技能大赛的加工仿真应用教程。

图书在版编目（CIP）数据

VERICUT 数控仿真实例精解 / 李海泳等编著.
北京：机械工业出版社，2025. 6. --（数控加工与仿真软件应用丛书）. -- ISBN 978-7-111-78255-1

Ⅰ. TG659

中国国家版本馆 CIP 数据核字第 2025Z0W172 号

机械工业出版社（北京市百万庄大街 22 号　邮政编码 100037）
策划编辑：王永新　卜旭东　　　责任编辑：王永新　卜旭东
责任校对：王荣庆　刘雅娜　　　封面设计：王　旭
责任印制：刘　媛
三河市骏杰印刷有限公司印刷
2025 年 6 月第 1 版第 1 次印刷
184mm×260mm · 13 印张 · 326 千字
标准书号：ISBN 978-7-111-78255-1
定价：69.00 元

电话服务　　　　　　　　网络服务
客服电话：010-88361066　机 工 官 网：www.cmpbook.com
　　　　　010-88379833　机 工 官 博：weibo.com/cmp1952
　　　　　010-68326294　金 书 网：www.golden-book.com
封底无防伪标均为盗版　机工教育服务网：www.cmpedu.com

前　言

VERICUT 是一款由美国 CGTech 公司开发的数控加工仿真与优化的工具软件，主要用于数控编程和加工过程的验证、优化及仿真。VERICUT 作为数控加工仿真与优化的流行工具软件，在航空航天、汽车、模具等领域有着广泛应用，可有效帮助用户提升加工效率、降低生产成本并确保产品质量。

本书是基于 VERICUT 9.0 编写的数控加工仿真教程，主要内容包括 VERICUT 仿真介绍、VERICUT 刀具库、VERICUT 机床构建、VERICUT 控制系统配置、VERICUT 进给速度优化、VERICUT-Force 切削力优化、VERICUT 测量编程与仿真、基于 SIEMENS NX 接口仿真模板应用和基于 CATIA 接口仿真模板应用等。

本书从使用者的角度出发，讲解循序渐进，并融入作者多年应用 VERICUT 的心得体会，通过实际案例详细地介绍了 VERICUT 中的高级功能及如何简单方便地使用 VERICUT 解决数控加工与仿真中的实际问题。为方便读者更加直观地学习 VERICUT，部分章节的 VERICUT 样例文件和影音文件可通过扫描下方二维码获取并下载到本地指定位置，读者只需按本书中讲解的步骤做成、做会、做熟，再举一反三，就能熟练掌握数控加工仿真技术的实际应用，并真正应用到自己的学习和工作中。

本书由某航发集团公司数字化制造专业技术专家李海泳、中航（成都）无人机系统股份有限公司彭雨、中航西飞汉中航空零组件制造有限公司何亿、通用电气能源（杭州）有限公司李耀东和上海工商职业技术学院王军编著。本书的作者均是具有企业丰富数字化赋能智能制造经验的工程师或既有丰富现场生产经验，又主持数字化赋能智能制造课程体系建设的教师，是大家的共同努力让本书得以问世。

本书既可作为 VERICUT 的培训教程，也可以作为全国数控技能大赛的加工仿真应用参考教程，并可作为高等院校、高职院校机械、机电专业的学生教材，还可供具有一定基础知识的人员自学参考。

尽管作者在本书的编写过程中付出了巨大努力，但书中仍难免有错漏之处，恳请广大读者批评指正，以利作者今后改进。读者可发送 E-mail 至 lihaiyong_1@163.com 与作者交流探讨。在此，向所有支持、期待这本书的读者献上最诚挚的谢意！

作　者

目　录

前　言

第 1 章　VERICUT 仿真介绍

1.1　为什么需要数控加工仿真 ·············· 1
1.2　数控仿真软件主要解决的问题 ·········· 1
1.3　VERICUT 数控加工仿真类型 ············ 2
1.4　VERICUT 数控加工仿真的工作流程 ······ 2
1.5　VERICUT 软件使用技巧 ················· 3
1.6　如何提高仿真速度 ····················· 6

第 2 章　VERICUT 刀具库

2.1　VERICUT 刀具库概述 ·················· 7
2.2　VERICUT 刀具库构建流程 ·············· 7
2.3　数字化刀具库应用架构 ················· 7
2.4　VERICUT 创建刀具应用案例 ············ 8
　　2.4.1　创建铣刀应用案例 ·············· 8
　　2.4.2　创建车刀应用案例 ·············· 19

第 3 章　VERICUT 机床构建

3.1　机床建模的关键概念 ·················· 31
　　3.1.1　组件与模型 ··················· 31
　　3.1.2　机床坐标系的建立 ·············· 32
　　3.1.3　机床三维实体模型的建立 ········ 33
3.2　构建机床思路 ························ 34
　　3.2.1　建立机床运动轴组件的拓扑结构 ··· 34
　　3.2.2　建立机床组件模型 ·············· 38
3.3　构建机床注意事项 ···················· 39

第 4 章　VERICUT 控制系统配置

4.1　VERICUT 控制系统综述 ··············· 41
4.2　VERICUT 控制系统配置 ··············· 41

　　4.2.1　"机床 / 控制系统"菜单 ········· 41
　　4.2.2　字格式 ······················· 44
　　4.2.3　字地址 ······················· 45
　　4.2.4　控制系统变量 ················· 46
4.3　常用宏指令介绍 ······················ 47
4.4　控制系统配置实例 ···················· 48
　　4.4.1　配置三轴设备对刀指令 ·········· 48
　　4.4.2　配置五轴自动刀尖跟随指令 ······ 49
　　4.4.3　配置子程序 ··················· 56
　　4.4.4　直径编程和半径编程设置 ········ 57
　　4.4.5　五轴加工中心的旋转属性 ········ 58

第 5 章　VERICUT 进给速度优化

5.1　VERICUT 进给速度优化原理 ··········· 60
5.2　VERICUT 进给速度优化方法 ··········· 61
　　5.2.1　恒定体积去除率切削方式优化
　　　　　（Volume Removal）·············· 62
　　5.2.2　恒定切屑厚度方式优化
　　　　　（Chip Thickness）············· 63
　　5.2.3　空刀方式优化（Air Cut）········ 64
　　5.2.4　多种优化方法结合 ·············· 64
5.3　VERICUT 进给速度优化流程 ··········· 65
　　5.3.1　创建 VERICUT 优化库 ·········· 65
　　5.3.2　调用优化库进行程序优化 ········ 69
　　5.3.3　优化前与优化后程序比较 ········ 71
5.4　VERICUT 进给速度优化铣削应用案例 ····· 71

第 6 章　VERICUT-Force 切削力优化

6.1　VERICUT-Force 切削力优化原理 ·········· 85
6.2　VERICUT-Force 切削力优化流程 ·········· 87

6.2.1 创建 VERICUT 优化库 ·········· 87

6.2.2 调用优化库进行程序优化 ····· 87

6.2.3 优化前与优化后程序比较 ····· 88

6.3 VERICUT-Force 切削力优化案例 ····· 89

6.3.1 VERICUT-Force 车加工切削力
优化案例 ···················· 89

6.3.2 切削力优化案例 ·············· 97

第7章 VERICUT 测量编程与仿真

7.1 VERICUT 测量编程与仿真概述 ········ 102

7.1.1 数控机床测量系统的主要作用 ··· 102

7.1.2 测量仿真的意义 ·············· 103

7.1.3 测头类型 ···················· 103

7.2 SIEMENS 840D pl 系统测头标定编程与
仿真案例 ························· 104

7.2.1 测头标定程序说明 ············ 104

7.2.2 VERICUT 测头标定仿真案例 ····· 105

7.3 SIEMENS 840D sl 系统测量循环编程与
仿真介绍 ························· 110

7.3.1 测量循环程序说明 ············ 110

7.3.2 VERICUT 测量循环仿真案例 ····· 112

7.4 HEIDENHAIN 系统测头设置零点和零点
调整编程与仿真应用案例 ·········· 116

7.4.1 设置零点和零点调整程序简要说明 ···116

7.4.2 VERICUT 测头设置零点和零点
调整仿真应用案例 ············ 119

7.5 FANUC 系统毛坯测量及测量数据应用
编程与仿真案例 ·················· 122

7.5.1 毛坯测量及测量数据应用程序
简要说明 ···················· 122

7.5.2 VERICUT 毛坯测量及测量数据应用
仿真案例 ···················· 124

7.6 SIEMENS 840D pl 系统加工精度测量
及修正编程与仿真应用案例 ········ 127

7.6.1 加工精度测量及修正程序
简要说明 ···················· 127

7.6.2 VERICUT 加工精度测量及修正仿真
应用案例 ···················· 131

7.7 FANUC 系统车加工测量及应用编程与
仿真案例 ························· 134

7.7.1 车加工测量及应用程序简要说明 ··· 134

7.7.2 VERICUT 车加工测量及应用
仿真案例 ···················· 137

第8章 基于 SIEMENS NX 接口仿真模板应用

8.1 SIEMENS NX 接口介绍 ············· 141

8.2 SIEMENS NX 接口配置 ············· 141

8.3 SIEMENS NXV 接口应用 ··········· 144

8.3.1 定义文件保存目录 ············ 144

8.3.2 定义仿真项目文件名 ·········· 144

8.3.3 调用项目模板 ················ 144

8.3.4 工位定位方式 ················ 144

8.3.5 设置工位 "A-MACHINE-1" ····· 145

8.3.6 设置工位 "A-MACHINE-2" ····· 151

8.3.7 生成并运行新项目 ············ 152

8.3.8 调整毛坯/工件位置 ·········· 152

8.3.9 检查毛坯/工件坐标 ·········· 153

8.3.10 合并工位1与工位2中刀具清单··· 154

8.3.11 设置刀柄 ···················· 156

8.3.12 设置刀具缩颈/刃长/齿数 ····· 159

8.3.13 设置刀具悬长 ················ 159

8.3.14 保存模拟后刀具悬长 ·········· 160

8.3.15 整理刀具悬长 ················ 161

8.3.16 程序仿真 ···················· 165

第9章 基于 CATIA 接口仿真模板应用

9.1 CATIA 接口介绍 ················· 168

9.2 CATIA 接口配置 ················· 168

9.2.1 配置接口环境变量 ············ 169

9.2.2 catv5.bat 启动接口的操作 ····· 169

9.2.3 加载宏启动 CATV 接口 ······· 170

9.3　CATV 接口应用 ···················· 172

　9.3.1　打开 CATIA 工具软件 ············ 172

　9.3.2　定义文件保存目录 ············ 173

　9.3.3　定义仿真项目文件名 ············ 173

　9.3.4　调用项目模板 ············ 174

　9.3.5　工位定位方式 ············ 174

　9.3.6　设置工位 "Part Operation.1" 175

　9.3.7　设置工位 "Part Operation.2" 179

　9.3.8　生成并运行新项目 ············ 183

　9.3.9　检查毛坯 / 工件坐标 ············ 184

　9.3.10　合并工位 1 与工位 2 中刀具清单··· 185

　9.3.11　设置刀柄 ············ 187

　9.3.12　设置刀具缩颈 / 刃长 / 齿数 ····· 189

　9.3.13　设置刀具悬长 ············ 190

　9.3.14　保存模拟后刀具悬长 ············ 190

　9.3.15　整理刀具悬长 ············ 191

　9.3.16　程序仿真 ············ 195

　9.3.17　情况说明 ············ 198

参考文献　　　　　　　　　　　　　200

第1章

VERICUT 仿真介绍

1.1 为什么需要数控加工仿真

随着制造技术的不断提高，现代制造技术逐渐向集成化方向发展。世界上许多大公司都在进行零件、刀具、夹具、机床三维参数化一体化研究和数控加工过程的仿真、参数优化、加工程序优化的研究。利用数控加工仿真，可以消除程序中的错误，如切伤工件、损坏夹具、折断刀具或碰撞机床；可以减少机床的加工时间，减少实际的切削验证。

1.2 数控仿真软件主要解决的问题

在进行实际加工之前，在虚拟环境里尽可能真实地模拟完整的加工过程和加工结果，避免在实际加工中出现零件的过切、欠切，避免发生机床碰撞，并最大限度地优化数控（Numerial Control，NC）程序、延长刀具使用寿命，提高加工效率和加工质量。VERICUT 的程序验证功能主要有四方面：NC 程序的语法检查、NC 程序正确性的检查、机床碰撞干涉检查和 NC 程序优化。

1. NC 程序的语法检查

不同数控机床控制系统，其程序的语法结构是不一样的，因此需要检查程序的语法。具体操作中，可以在 VERICUT 的语法检查项设置好系统中每一个字符或字符串的类型、格式等，然后通过 VERICUT 检查 NC 程序是否符合要求。还可以检查十进制数的小数点是否正确、地址的字符是否缺失、字符或地址是否有不合法的注释、IF 语句中是否有 THEN、GOTO 等字符。总之，语法检查功能可以根据用户定义的检查规则来检查语法结构，还可以检查 NC 程序是否符合 VERICUT 的语法要求。

2. NC 程序正确性的检查

NC 程序的正确性是指依据该 NC 程序能否加工出正确的零件，在加工的过程中是否会出现零件的过切、欠切等情况。虽然 CAD/CAM 软件可以简单地验证程序的正确性，但是其功能与 VERICUT 相比差距甚远。首先，VERICUT 可以测量加工后的零件实际尺寸，具体的可以测量距离、角度、毛坯厚度、空间距离、最近距离、加工残余高度、体积等，通过这些功能，用户可以对被检测对象的形状、尺寸、加工信息等了如指掌；其次，VERICUT 可以将切削模型与设计模型进行对比，将零件欠切、过切的部位用定义的颜色显示出来。

3. 机床碰撞干涉检查

机床碰撞干涉检查就是模拟加工过程中机床各个组件之间的相对运动，其过程和实际操作机床一样，这样就可以避免发生机床碰撞，保护机床，延长机床的使用寿命。

4. NC 程序优化

NC 程序优化可以最大限度地优化加工的进给率，计算最合适的刀具长度，提高生产率，延长刀具使用寿命，提高刀具使用效率。

1.3　VERICUT 数控加工仿真类型

　　VERICUT 数控加工仿真又可分为通用（不带机床实体模型）机床仿真和专用（带机床实体模型）机床仿真。不带机床实体模型的机床仿真必须构建零件、毛坯、刀具等构件，机床必须定义机床结构树；带机床实体模型的机床仿真必须构建零件、毛坯、工装、机床、刀具等构件，形成包括数控机床全过程仿真验证的加工仿真。

1.4　VERICUT 数控加工仿真的工作流程

　　在实际的零件加工中，最基本的要素有机床（Machine）、夹具（Fixture）、设计（Design）、毛坯（Stock）、刀具（Tools）和 NC 程序（Code）。在虚拟的环境中，要进行 NC 程序的验证、机床的模拟和 NC 程序的优化，必须具备这些最基本的要素，并且机床、刀具、夹具、毛坯和零件的模型要求比较精确，VERICUT 仿真加工工作流程如图 1-1 所示。

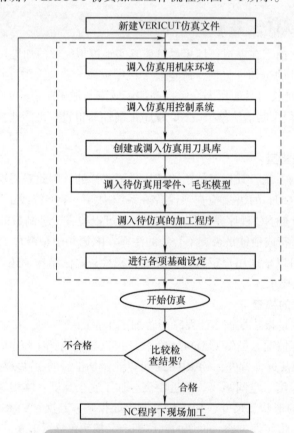

图 1-1　VERICUT 仿真加工工作流程

　　1）打开数控加工程序仿真软件 VERICUT，新建 VERICUT 仿真文件。

　　2）在 VERICUT 项目树中选择机床，为进行机床模拟配置加工设备。

　　3）在 VERICUT 项目树中选择控制系统，为模拟 G 代码运动配置数控控制系统。

　　4）在 VERICUT 项目树中添加加工所需刀具库，确定仿真用的每把刀具的类型、直径、长度等参数，定义刀具装夹点和刀尖点。

5）在 VERICUT 项目树中调入零件模型、毛坯模型、夹具等。

6）在 VERICUT 项目树中进行基础设定，如预先设定 NC 程序加工坐标原点（G54～G57），刀具半径补偿、长度补偿等，以及机床初始化位置、换刀位置等。

7）在 VERICUT 项目树中调入 NC 程序文件。

8）在 VERICUT 系统中进行仿真加工。

9）仿真结果比较检查。根据仿真的结果，利用 VERICUT 的自动比较功能，分析过切或者欠切。

① 过切检查，快速定位过切部位以便修改程序。设置过切余量及过切时的显示方式，经过仿真后即可显示过切的零件部位、过切的大小、过切的深度及过切时刀具所在程序段的位置。

② 干涉检查，根据仿真后的干涉情况，调整程序、夹具及装夹位置，避免与机床、夹具等发生干涉、碰撞，提高加工过程的可靠性，减少损失。

10）将仿真正确的 NC 程序下现场加工，获得合格的加工零件。

1.5　VERICUT 软件使用技巧

1）当 VERICUT 界面混乱时，恢复默认设置。

方法：在 Windows "开始"菜单中找到"恢复默认设置"，单击后出现"重置参数"窗口，在"重置参数"窗口中单击"删除"按钮即可，如图 1-2 所示。

图 1-2　恢复默认设置

2）设置软件的语言。

方法：采用记事本打开安装目录下文件，X：\Program Files\CGTech\VERICUT 9.1.1\windows64\commands\vericut.bat，如图 1-3 所示。

软件支持简体中文、捷克语、英语、法语、德语、意大利语、日语、韩语、葡萄牙语、俄语和西班牙语。搜索 if " %CGTECH_LOCALE% "== " "set CGTECH_LOCALE=chinese_simplified，可替换为 if " %CGTECH_LOCALE% "== " "set CGTECH_LOCALE=english、if " %CGTECH_LOCALE% "== " "set CGTECH_LOCALE=french 或 if " %CGTECH_LOCALE% "== " "set CGTECH_LOCALE=japanese 等，实现语言更改。

3）设置机床外壳为透明。

方法：先在项目树中选中组件，再勾选"透明"，如图 1-4 所示。最后选择主菜单命令"视图"＞"透明度"，拖动透明条改变透明度，如图 1-5 所示。

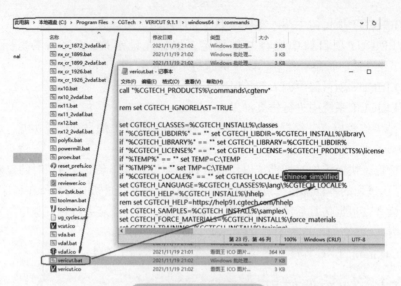

图 1-3　设置中文语言

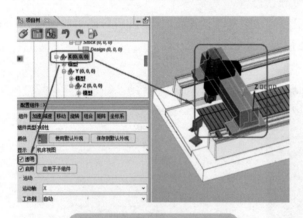

图 1-4　设置机床外壳为透明

图 1-5　透明度

4）将做好的机床模型设置为模板，下次打开软件直接使用。

方法：先在主界面选择"文件" > "文件汇总"，将所有文件归档，如图 1-6 所示。

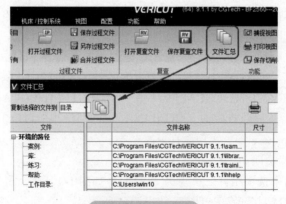

图 1-6　文件汇总

再单击欢迎界面中的添加按钮 ⊕ 添加模板即可，如图 1-7 所示。

图 1-7　欢迎界面

5）VERICUT9.× 版本软件不能打开 VERICUT7.× 版本文件。

方法：先采用 VERICUT8.× 版本软件打开 VERICUT7.× 版本文件，再保存为 VERI-CUT8.× 版本文件，最后采用 VERICUT9.× 版本软件打开即可。

 注意： VERICUT 高版本文件可打开低版本文件，但隔代不行，必须逐级打开。

6）在 A 计算机中制作的机床仿真模板，复制至 B 计算机后，不能在 B 计算机中某 CAM 软件界面下直接使用。

方法：在 B 计算机中打开该机床仿真模板后，单击"文件"＞"项目保存"，使该机床仿真模板在 B 计算机中完成激活，然后可在 B 计算机中某 CAM 软件界面下正常使用。

 注意： 机床仿真模板在 A 或 B 计算机中的保存路径可能不一致，需要单独激活。

7）VERICUT 软件用户界面，包含标准的标题栏、菜单栏、工具栏、视图窗口和进程工具条等，而进程工具条又包含信息区、动画速度滑尺、指示灯、进度条、仿真控制按钮等，如图 1-8 所示。

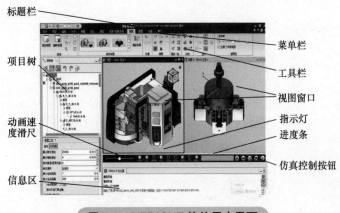

图 1-8　VERICUT 软件用户界面

1.6　如何提高仿真速度

提高 VERICUT 模拟仿真速度有很多种方式，下面介绍常用的几种方式：

1）切削公差（Cutting Tolerance），切削公差值大，可以提高模拟速度，但影响模拟检查错误的精度。VERICUT 检查过切和通常情况不一样，一般分析过切是弦高，VERICUT 分析的是弦长，这种模式更容易检查出错误，所以切削公差可以设定很大，如设为 1；而且如果在 Auto-Diff 中检查过切时，VERICUT 可以根据设定的比较公差，重新计算切削模型，再进行过切分析，这样，模拟速度和切削检查结果都不受影响。

2）打开 OpenGL 功能（高版本已经取消这个设定），在图像窗口右击，选择 OpenGL。这种模式可以大大提高模拟速度和图像操作速度。

3）使用 FastMill 模拟方式，该方式是对模具加工的使用方式，3 轴或 3+2 轴铣都可以通过选择该模拟方式大大提高模拟速度。

4）关闭所有没用的动态窗口，如状态信息窗口、程序窗口、变量窗口等，坐标系显示也可以关闭。

5）在视图窗口中可以将模拟缩小一点，模拟完后再放大，这样可以提高模拟速度，又不影响观察模拟结果。

6）排除一些影响模拟速度的错误信息，如一把刀具太短、刀柄在切削过程中蹭伤零件等，VERICUT 模拟过程的信息窗口（最下面）会不断提示这样的错误。

7）编辑 vericut.bat 文件，找到"rem set CGTECH_USE_AO=FALSE"，去除前面的"rem"字符，可关闭"环境光遮蔽功能"。

第2章

VERICUT 刀具库

2.1 VERICUT 刀具库概述

VERICUT 刀具库的作用是为数字空间下的 VERICUT 数字化虚拟机床配备数字孪生刀具，以确保 VERICUT 数字化虚拟机床有与物理空间精准一致的数字空间刀具可用。

CGTech 公司为 VERICUT 刀具库开发了一个专门的应用程序 VERICUT ToolMan。VERICUT ToolMan 可以独立于 VERICUT 运行。这样的好处显而易见，工艺工程师可以专门做工艺验证，而刀具工程师可以专门做刀具库设置。刀具工程师将完成的刀具库保存为后缀为 .tls 的刀具库文件，工艺工程师在使用 VERICUT 进行工艺验证时，只需将 .tls 刀具库文件加载到后缀为 .vcproject 的 VERICUT 项目文件的刀具项目树下，就可以在 VERICUT 中调用运行整个刀具库中的刀具。

2.2 VERICUT 刀具库构建流程

使用以项目为引导的方法，构建 VERICUT 刀具库。构建流程包括以下三大步骤。

1）工艺分析：对项目图纸进行圈图，以深度精准分析图纸工艺要求，进而准确定义刀具。

2）根据工艺分析定义刀具：在刀具供应商组件数据库中，选择刀具组件，建立企业刀具装配数据库，设计数字化刀具设置指导书，装配完整数字化刀具，构建以项目为引导的企业数字化刀具库。

3）使用 VERICUT ToolMan 构建 VERICUT 刀具库：将数字化刀具库中的刀具三维模型调入 VERICUT ToolMan 中，构建 VERICUT 刀具库。

2.3 数字化刀具库应用架构

数字化刀具库应用架构如图 2-1 所示。

刀具供应商组件数据库：越来越多的刀具供应商为企业免费提供所产刀具组件详细产品数据，包括二维 CAD、三维模型、产品应用详细参数、推荐切削参数等。SANDVIK COROMANT 是这些刀具供应商的典型代表。本章介绍的铣刀和车刀案例的刀具组件数据，来自刀具供应商 SANDVIK COROMANT。

企业刀具装配数据库：不同的企业根据各自生产制造产品不同，从不同的刀具供应商处采购需要的刀具组件，并创建自己的企业刀具装配数据库。

刀具清单：企业刀具装配数据库基本组成部分，供企业机加工单元根据项目需要，检索所需刀具，编写成项目所需的项目刀具清单。

数字化刀具设置指导书：企业刀具装配数据库组成部分，企业在信息化过程中，已经建立了刀具数据库。通过数字化升级，可以使粗糙模糊的刀具数据库在深度精准方向上，实现一个质的飞跃，为企业实现数字化赋能精益敏捷智能制造提供坚实的数字化刀具支持。数字化刀具设置指导书就是刀具数据库从粗糙模糊向深度精准转变，实现由信息化向智能化发展的有效途径。

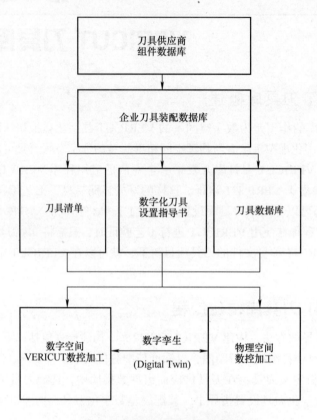

图 2-1　数字化刀具库应用架构

数字空间 VERICUT 数控加工：制造工程师设计完成的数字化工艺，首先在数字空间 VERICUT 数控加工环境中进行加工验证，然后，转到物理空间数控加工环境进行数控加工。

物理空间数控加工：将数字空间 VERICUT 数控加工环境中进行加工验证过的数字化工艺，转到物理空间数控加工环境进行数控加工。物理空间数控加工与数字空间 VERICUT 数控加工构成数字孪生物联网生态。

2.4　VERICUT 创建刀具应用案例

2.4.1　创建铣刀应用案例

现在以 MAZAK integrex i300 车铣复合加工中心加工主轴项目为案例，介绍 VERICUT 创建铣刀方法。创建方法遵循的是 VERICUT 刀具库的构建流程三大步骤。

1. 工艺分析

对项目主轴加工图纸进行圈图（见图 2-2），以深度精准分析图纸工艺要求。现以 $4 \times \phi 9\text{mm}$ 法兰孔背倒角铣削加工铣刀为例，介绍 VERICUT ToolMan 铣刀创建方法。

从圈图后的主轴加工图纸中可知 $4 \times \phi 9\text{mm}$ 法兰孔背倒角铣削加工要求（见图 2-3），⑥④倒

角 =0.5mm × 45°。

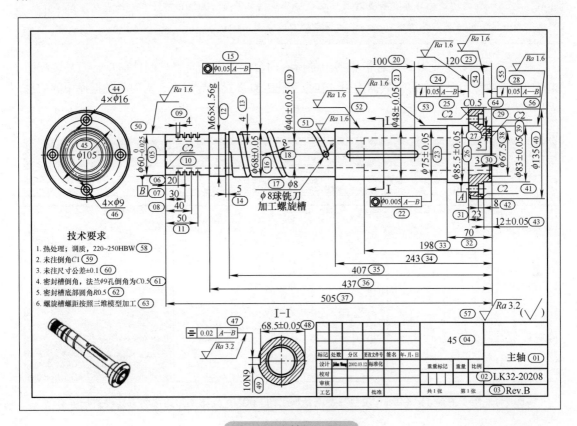

图 2-2　主轴加工图纸

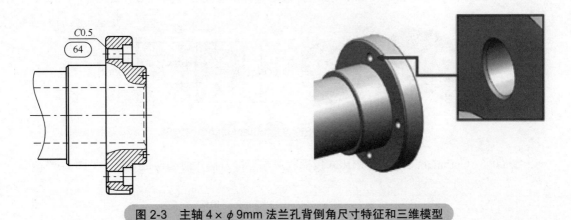

图 2-3　主轴 4× φ9mm 法兰孔背倒角尺寸特征和三维模型

2. 根据工艺分析定义刀具

根据上述 4×φ9mm 法兰孔背倒角特征和技术要求，按照数字化刀具库应用架构（见图 2-1），在刀具供应商组件数据库中（这里选择的刀具供应商是 SANDVIK COROMANT），选择合适的刀具组件，创建 4×φ9mm 法兰孔背倒角反锪铣刀的数字化刀具设置指导书（见图 2-4）。这构成企业刀具装配数据库的一部分。

> **注意**：创建的这把刀具在企业刀具装配数据库中的编号是 T0059，它将作为企业刀具装配数据库中的一员，记录在刀具清单中，以供使用者检索选择使用。

这把刀具的数字化刀具设置指导书中的所有内容，如供应商刀具配件信息、刀具装配图、推荐切削参数等，保存在刀具数据库中，在数字化刀具设置指导书上，对刀具数据库中的信息，提供网络链接和手机扫码查询。

Digital Tooling Setting Up Instruction 数字化刀具设置指导书	Description of Tooling. 刀具名称：	Φ7.8 Anti-Chamfer Milling Tooling Φ7.8 反锪铣刀	Tooling NUMBER: 刀具编号：	T0059
FITTING No / 组件编号	DESCRIPTION OF FITTING / 组件描述	CODE_SPECIFICATION OF FITTING / 组件代码_型号	Storage Location No/库位号	SUPPLIER / 供应商
T0059-1	HSK - Coromant Capto® 接柄	TF0001_C6-390.419-63 110		SANDVIK COROMANT
T0059-2	Coromant Capto® - 侧压式接柄	TF0093_C6-391.20-08 055		SANDVIK COROMANT
T0059-3	CoroMill® 326整体硬质合金倒角铣削立铣刀	TF0092_326R08-B3502012-CH 1025		SANDVIK COROMANT

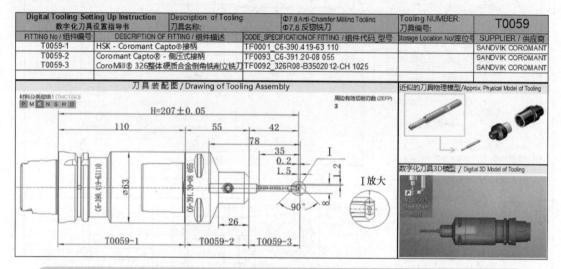

图 2-4　用于主轴 $4 \times \phi 9$mm 法兰孔背倒角加工的 T0059- 反锪铣刀数字化刀具设置指导书

1）孔 $4 \times \phi 9$mm 法兰孔反锪倒角铣刀由三部分刀具组件组成。

① TF0001_HSK - Coromant Capto® 接柄：这是与机床连接的刀柄（见图 2-5）。

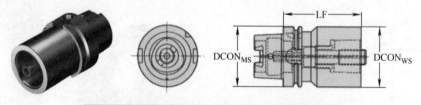

图 2-5　TF0001_HSK - Coromant Capto® 接柄

② TF0093_ Coromant Capto® - 侧压式接柄：后端连接刀柄，前端连接刀具（见图 2-6）。

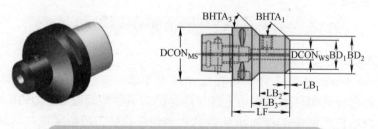

图 2-6　TF0093_ Coromant Capto® - 侧压式接柄

③ TF0092_ CoroMill® 326 整体硬质合金倒角铣削立铣刀：反锪刀具（见图 2-7）。

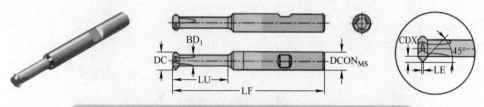

图 2-7　TF0092_ CoroMill® 326 整体硬质合金倒角铣削立铣刀

💡 **说明**：刀具库中刀具的编号以 T 开头，刀具组件的编号以 TF 开头。

2）近似的刀具物理模型：为倒角铣刀使用者提供物理空间刀具的感性认识（见图 2-8）。

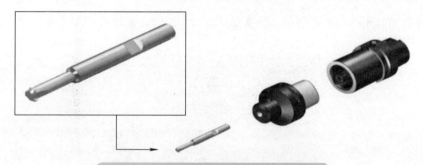

图 2-8　T0059- 反锪铣刀近似的物理模型

3）刀具装配图：为刀具使用者提供将刀具组件装配成完整刀具的装配图（见图 2-9）。

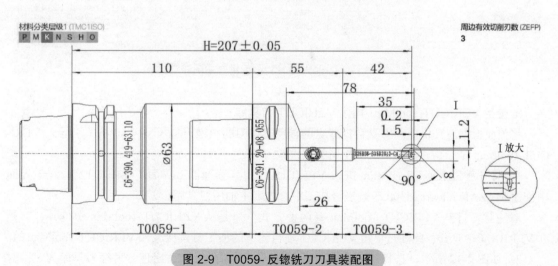

图 2-9　T0059- 反锪铣刀刀具装配图

4）数字化刀具 3D 模型：为刀具使用者提供数字化空间刀具的装配 3D 模型。这个装配 3D 模型将加载到 VERICUT 刀具库中（见图 2-10）。

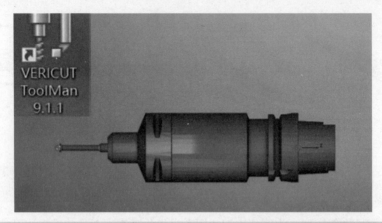

图 2-10　T0059- 反锪铣刀在 VERICUT ToolMan 中的数字化刀具 3D 模型

5）供应商刀具组件和推荐切削参数信息：针对主轴材质的推荐切削参数如图 2-11 所示。

工件材料				螺纹铣刀	尺寸，mm，inch			/Th = 0.5 × ap				/Th = ap			
		硬度						切削速度 vc		每齿进给量, fz		切削速度 vc		每齿进给量, fz	
ISO	MC	HB	HRC	螺纹	DC	DC"	ZEFP	m/min	ft/min	mm	inch	m/min	ft/min	mm	inch
P	非合金钢 P1.1.Z.AN	125		M2	1.55	.061	3	127	417	0.027	.0011	120	396	0.020	.0008
				M4	3.2	.126	3	152	500	0.030	.0012	141	465	0.018	.0007
				M10	8.2	.323	4	132	435	0.052	.0020	124	410	0.029	.0012
				M20	16	.630	5	141	465	0.130	.0051	131	430	0.069	.0028
	低合金钢 P2.5.Z.HT	300		M2	1.55	.061	3	84	276	0.018	.0007	80	263	0.016	.0006
				M4	3.2	.126	3	147	485	0.012	.0005	137	440	0.006	.0003
				M10	8.2	.323	4	164	540	0.086	.0034	153	500	0.050	.0020
				M20	16	.630	5	173	570	0.089	.0036	162	535	0.118	.0046
	高合金钢 P3.0.Z.HT	450		M2	1.55	.061	3	73	240	0.005	.0002	70	231	0.0045	.0002
				M4	3.2	.126	3	163	540	0.035	.0014	151	500	0.015	.0006
				M10	8.2	.323	4	164	550	0.061	.0024	153	520	0.049	.0020
				M20	16	.630	5	173	570	0.012	.0005	162	540	0.118	.0046

图 2-11　T0059- 反锪铣刀的推荐切削参数

3. 使用 VERICUT ToolMan 构建 VERICUT 刀具库

将前面根据刀具供应商刀具数据建立的轴反锪铣刀的三维刀具模型（.stl 格式）导入 VERI-CUT ToolMan 中，构建 VERICUT 使用的反锪铣刀。

1）打开 VERICUT ToolMan, 进入 VERICUT "刀具管理器" 界面（见图 2-12），在该界面中创建 MAZAK integrex i300 车铣复合加工中心加工主轴用刀具库。

请注意，打开 VERICUT ToolMan 有两种方式。一是从 VERICUT ToolMan 中打开，二是在 VERICUT 中打开，此处是单击 VERICUT 项目树下的加工刀具项进入 VERICUT ToolMan 的。

2）如图 2-12 所示，选择菜单命令 "新文件" > "保存文件"，出现 "另存刀具库为 ..." 对话框，在该对话框 "文件名（N）:" 文本框中输入 "VT_ 主轴制造刀具库（O22.01.28）.tls"，单击 "保存" 按钮。这时可以看到，刀具库文件名出现在 "刀具管理器" 界面左上角（见图 2-13）。

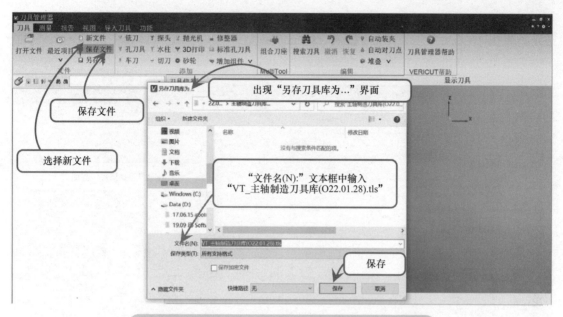

图 2-12　VERICUT ToolMan 中的"刀具管理器"界面

3）在图 2-13 中，选择菜单命令"铣刀"，在界面左侧刀具建立项目树出现默认刀具，系统默认建立刀具 1。同时，右侧"显示刀具"区出现系统默认刀具三维模型。

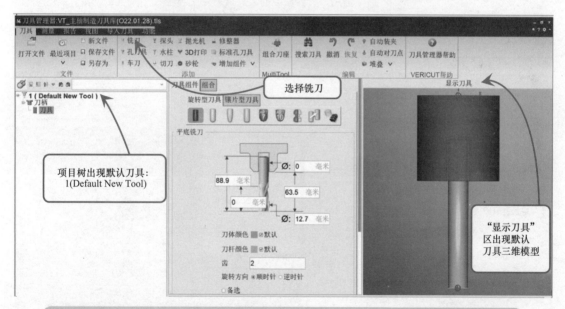

图 2-13　命名为主轴制造刀具库（O22.01.28）.tls 的刀具界面（以下简称指定刀具界面）

4）在图 2-14 中，删除上一步项目树中的"刀柄"和"刀具"，选中"1（Default New Tool）"，界面中间出现"刀具信息"界面。

5）在图 2-15 中，将默认刀号 1 改为工艺确定的铣刀 13，在"描述"文本框中重新命名刀具为"T0059_反锪倒角铣刀"，这是数字化刀具设置指导书中的刀具名（见图 2-4），在"ID"

栏中，将刀号由"1"改为"13"，为物理空间机床中刀具设置序号，选择"保存文件"命令，表示物理空间机床中 T13 刀具在 VERICUT ToolMan 数字化空间中已经建立好 ID 位置。

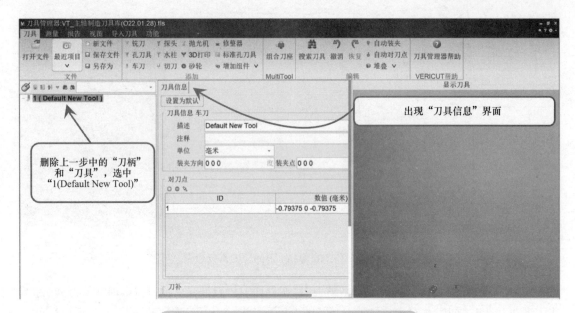

图 2-14　指定刀具界面中的刀具信息定义环境

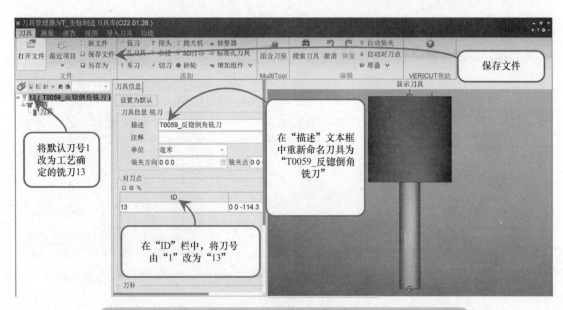

图 2-15　在指定刀具界面的刀具信息定义环境中，定义刀具 ID 步骤

6）在图 2-16 中，在"增加组件"下拉菜单中选择"增加刀柄"命令，项目树中出现"刀柄"。下面从刀柄开始定义数字空间的 13 号刀具。

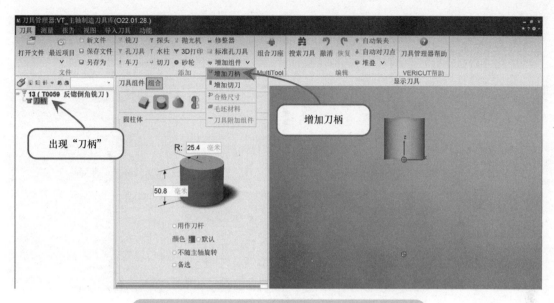

图 2-16　指定刀具界面中的刀具组件 / 组合定义环境

7）在图 2-17 中，在选中"刀柄"状态下，单击模型文件图标，指定刀具界面中间出现"模型文件"栏，单击"模型文件"文本框右侧图标，弹出"打开…"对话框，在"打开…"对话框中，选择"T0059_1"刀具组件，在"文件名（N）:"栏中出现"T0059_1"，"单位"下拉列表中选择"毫米"，单击"打开"按钮。

请注意，"T0059_1"三维模型来自刀具数据库（见图 2-1）。由 NX12 组装成刀具装配后，分别将各刀具组件转换为 .stl 格式，供 VERICUT ToolMan 使用。

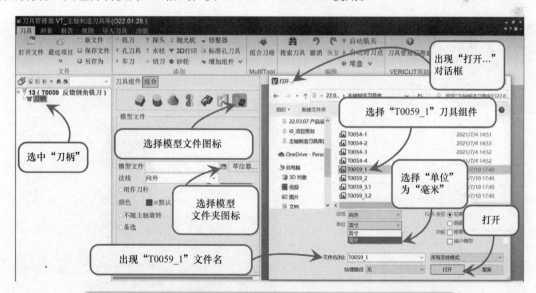

图 2-17　在指定刀具界面的刀具组合定义环境中，定义刀具刀柄步骤

8）在图 2-18 中，继续上一步操作，在"显示刀具"区，出现"T0059_1"反锪倒角铣刀刀柄。至此，刀柄定义完成。下面继续定义与刀柄连接的其他刀具组件。

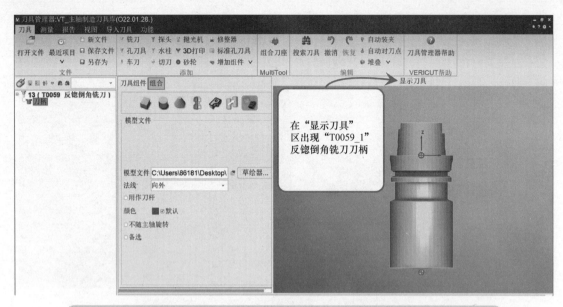

图 2-18 在指定刀具界面的刀具组合定义环境中，定义刀具刀柄 – 机床接柄步骤

9）在图 2-19 中，与上述步骤增加刀柄的方法相同，添加"刀柄 1"，将"T0059_2"刀具组件按刀具安装顺序，加载到 13 刀具下。在"显示刀具"区，出现"T0059_2"侧压式接柄三维模型。

  注意：在 VERICUT ToolMan 中，除刀具切削部分的所有刀具组件都一律称为刀柄。

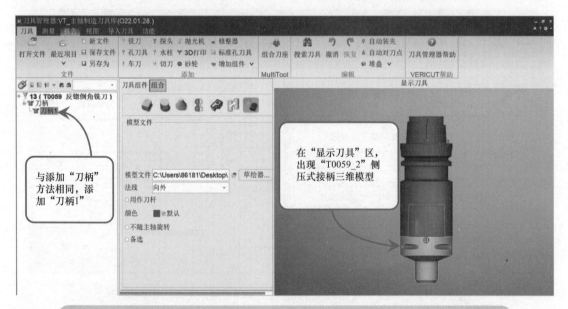

图 2-19 在指定刀具界面的刀具组合定义环境中，定义刀具刀柄 1- 侧压式接柄步骤

10）在图 2-20 中，与上述步骤增加刀柄的方法相同，添加"刀柄 2"，将"T0059_3.1"刀

具按刀具安装顺序，加载到13刀具下。在"显示刀具"区，出现"T0059_3.1"刀具非切削部分三维模型。

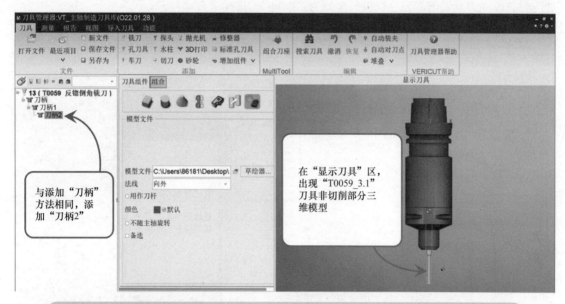

图2-20　在指定刀具界面的刀具组合定义环境中，定义刀具刀柄2-刀具非切削部分步骤

11）在图2-21中，选择主菜单命令"刀具">"增加组件">"增加切刀"，项目树下出现"刀具"，单击模型文件图标，单击"模型文件"栏右侧图标，进入"打开..."对话框，选择"T0059_3.2"刀具组件，"文件名（N）:"栏出现对应文件名，"单位"下拉列表中选择"毫米"，单击"打开"按钮。

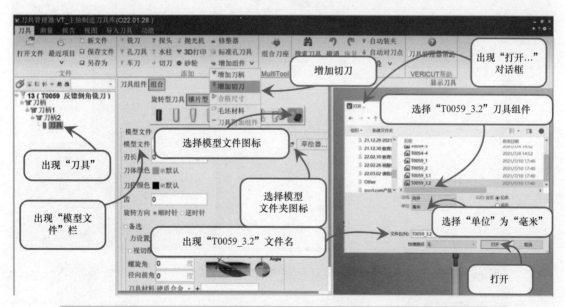

图2-21　在指定刀具界面的刀具组合定义环境中，定义刀具－铣刀切削部分步骤之一

12）在图 2-22 中，继续上一步操作，在"显示刀具"区出现"T0059_3.2"反锪倒角铣刀刀具切削部分。按下列操作步骤将反锪倒角铣刀刀具切削部分安装到正确位置。选择"刀具组件"栏，改变刀具切削部分"位置"坐标为"0 0 0"，选择"自动对刀点"。

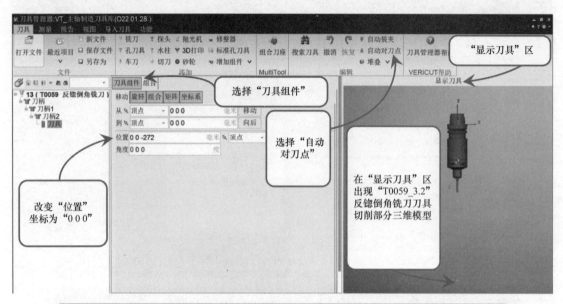

图 2-22　在指定刀具界面的刀具组合定义环境中，定义刀具 – 铣刀切削部分步骤之二

13）在图 2-23 中，在"显示刀具"区，出现安装到位的铣刀切削部分（局部放大）模型和自动对刀点，表示 Z 轴对刀完成。

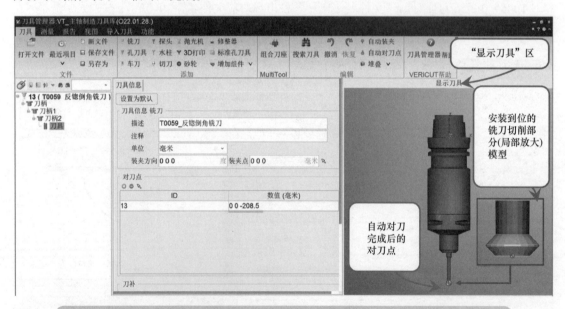

图 2-23　在指定刀具界面的刀具组合定义环境中，定义刀具 – 铣刀切削部分步骤之三

至此，以 MAZAK Integrex i300 车铣复合加工中心加工主轴为例，VERICUT 刀具库中的 T13-4×ϕ9mm 法兰孔背倒角反锪铣刀创建完成。这把刀将用于主轴数字化机加工工艺设计中的

工艺验证环节。

在图 2-24 中，可以看到在主轴数字化机加工工艺设计的工艺验证结果，VERICUT 显示数字化虚拟 MAZAK Integrex i300 车铣复合加工中心对主轴 $4 \times \phi 9mm$ 法兰孔背倒角反锪铣削的工艺验证过程。

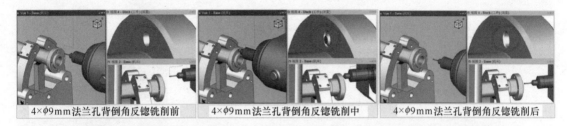

| 4×φ9mm 法兰孔背倒角反锪铣削前 | 4×φ9mm 法兰孔背倒角反锪铣削中 | 4×φ9mm 法兰孔背倒角反锪铣削后 |

图 2-24 VERICUT 上显示主轴 $4 \times \phi 9mm$ 法兰孔背倒角反锪铣削工艺验证过程

扫描本书前言中的二维码，可以看到在 VERICUT 上创建的反锪铣刀参数及其对主轴法兰孔进行背倒角铣削加工的视频。

2.4.2 创建车刀应用案例

现在以 MAZAK integrex i300 车铣复合加工中心加工主轴项目为案例，介绍 VERICUT 创建车刀的方法。创建方法遵循的是前面提到的 VERICUT 刀具库的构建流程三大步骤。

1. 工艺分析

对项目主轴图纸进行圈图（见图 2-2），深度精准分析图纸工艺要求。现以主轴法兰端面槽车刀为例，介绍 VERICUT ToolMan 车刀创建方法。

从圈图后的主轴加工图纸可知端面槽的加工要求（见图 2-25）。

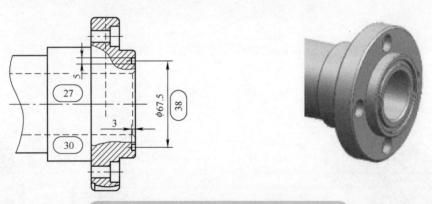

图 2-25 主轴法兰端面槽尺寸特征和三维模型

2. 根据工艺分析，定义刀具

根据上述端面槽的特征尺寸要求和材料要求，在刀具供应商提供的刀具数据库中，选择定义创建端面槽车刀的数字化刀具设置指导书（见图 2-26）。

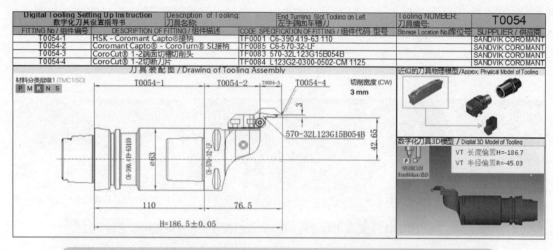

Digital Tooling Setting Up Instruction 数字化刀具设置指导书	Description of Tooling: 刀具名称: 刀具名称	End Turning Slot Tooling on Left 左手端面车槽刀	Tooling NUMBER: 刀具编号:	T0054
FITTING No / 组件编号	DESCRIPTION OF FITTING / 组件描述	CODE SPECIFICATION OF FITTING / 组件代码 型号	Storage Location No/库位号	SUPPLIER / 供应商
T0054-1	HSK - Coromant Capto®接柄	TF0001 C6-390.419-63 110		SANDVIK COROMANT
T0054-2	Coromant Capto® - CoroTurn® SL接柄	TF0085 C6-570-32-LF		SANDVIK COROMANT
T0054-3	CoroCut® 1-2端面切槽切削头	TF0083 570-32L123G15B054B		SANDVIK COROMANT
T0054-4	CoroCut® 1-2切断刀片	TF0084 L123G2-0300-0502-CM 1125		SANDVIK COROMANT

图 2-26 用于主轴法兰端面槽加工的 T0054- 端面槽车刀数字化刀具设置指导书

1）端面槽车刀由 4 部分刀具组件组成。

① TF0001_HSK - Coromant Capto® 接柄：这是与机床连接的刀柄（见图 2-27）。

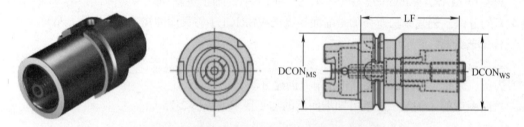

图 2-27 TF0001_HSK - Coromant Capto® 接柄

② TF0085_Coromant Capto® - CoroTurn® SL 接柄：后端连接刀柄，前端连接刀头（见图 2-28）。

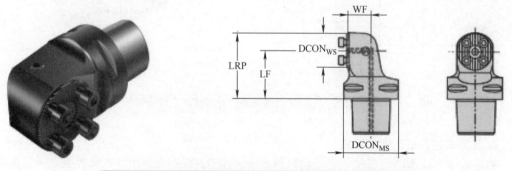

图 2-28 TF0085_Coromant Capto® - CoroTurn® SL 接柄

③ TF0083_CoroCut® 1-2 端面切槽切削头：一端连接接柄，一端连接刀片（见图 2-29）。

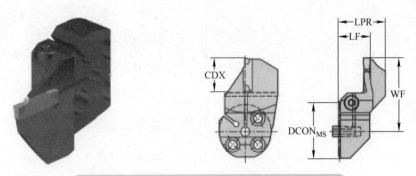

图 2-29　TF0083_CoroCut® 1-2 端面切槽切削头

④ TF0084_CoroCut® 1-2 切断刀片（见图 2-30）。

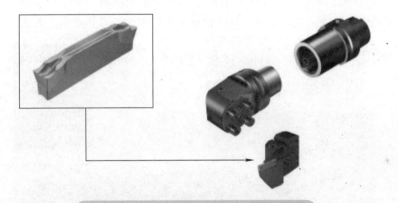

图 2-30　TF0084_CoroCut® 1-2 切断刀片

 说明： 刀具库中刀具的编号以 T 开头，刀具组件的编号以 TF 开头。

2）近似的刀具物理模型：为端面槽车刀使用者提供物理空间刀具的感性认识（见图 2-31）。

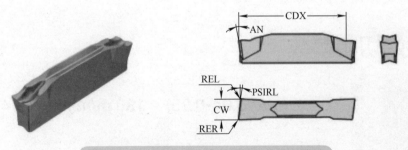

图 2-31　T0054- 端面槽车刀近似的物理模型

3）刀具装配图：为刀具使用者提供将刀具组件装配成完整刀具的装配图（见图 2-32）。

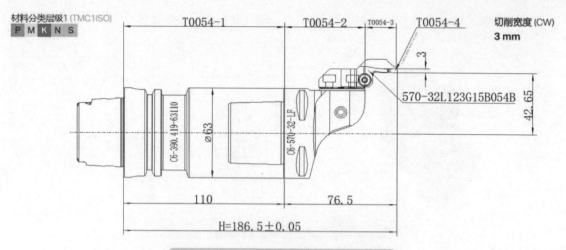

图 2-32　T0054- 端面槽车刀刀具装配图

4）数字化刀具 3D 模型：为刀具使用者提供数字化空间刀具的装配。这个装配将加载到 VERICUT 刀具库中（见图 2-33）。后面将详细讲解 VERICUT 刀具库建立方法。

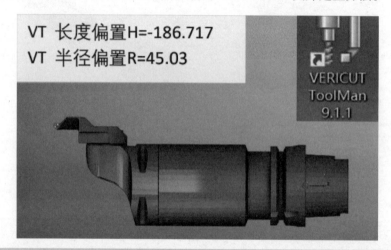

图 2-33　T0054- 端面槽车刀在 VERICUT ToolMan 中的数字化刀具 3D 模型

5）供应商刀具组件和推荐切削参数信息：针对主轴合金钢材质的推荐切削参数如图 2-34 所示。

起始切削参数

fnx

vc

0.13 mm/r(0.04-0.25)　　180 m/min(260-145)

图 2-34　T0054- 端面槽车刀的推荐切削参数

3. 使用 VERICUT ToolMan 构建 VERICUT 刀具库

将根据刀具供应商刀具数据建立的端面槽车刀的三维刀具模型（.stl 格式）导入 VERICUT ToolMan 中，构建 VERICUT 使用的端面槽车刀。

1）打开 VERICUT ToolMan，进入 VERICUT "刀具管理器"界面（见图 2-35），在该界面中创建 MAZAK integrex i300 车铣复合加工中心加工主轴用刀具库。

2）在图 2-35 中，选择菜单命令"新文件">"保存文件"，出现"另存刀具库为 ..."对话框，在该对话框"文件名（N）："中输入"VT_ 主轴制造刀具库（O22.01.28）.tls"，单击"保存"按钮。这时可以看到，刀具库文件名出现在刀具管理器界面左上角（见图 2-35）。

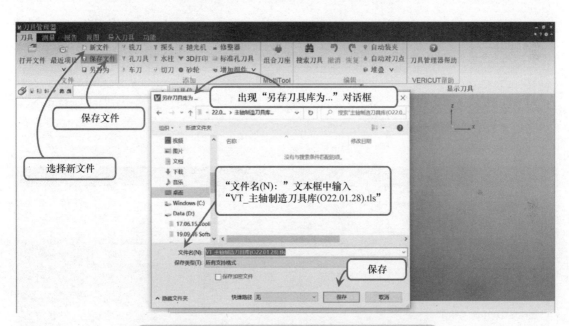

图 2-35　VERICUT ToolMan 中的"刀具管理器"界面

注意：车刀和铣刀都是建立在同一个刀具库中，各自表述是为了图面表达简明清晰。在实际应用中，VERICUT 刀具库的建立基于一个独立的项目，如现在讲到的刀具库中的刀具，全部用于主轴制造，既有铣刀，又有车刀。

3）在图 2-36 中，选择车刀→界面左侧刀具建立项目树出现变化，系统默认建立刀具 1。右侧"显示刀具"区出现变化，系统出现默认刀具视图。

注意：刀具库文件名出现在"刀具管理器"界面左上角。

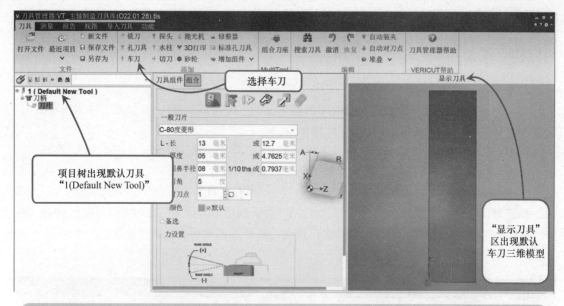

图 2-36　命名为"VT_主轴制造刀具库（O22.01.28）.tls"的刀具界面（以下简称指定刀具界面）

4）在图 2-37 中，删除上一步中项目树内的"刀柄"和"刀具"，选 中 "1（Default New Tool）"，界面中间出现"刀具信息"界面。

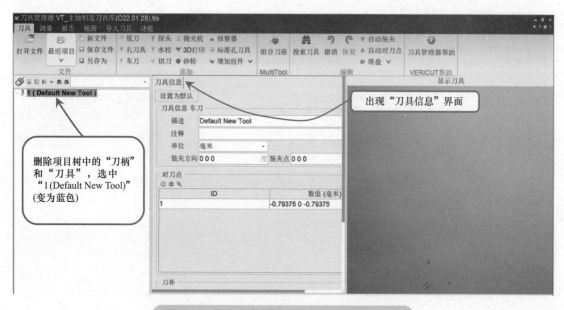

图 2-37　指定刀具界面中的刀具信息定义环境

5）在图 2-38 中，将默认刀号 1 改为工艺确定的刀号 15，在"描述"栏中重新命名刀具为"T0054- 端面槽车刀"，在"ID"栏中，将刀号由"1"改为"15"，选择"保存文件"命令。

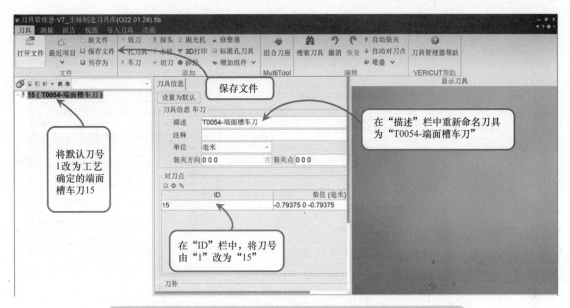

图 2-38　指定刀具界面的刀具信息定义环境中，定义刀具 ID 步骤

6）在图 2-39 中，在"增加组件"下拉列表中选择"增加刀柄"命令，项目树刀具 15 下出现"刀柄"。

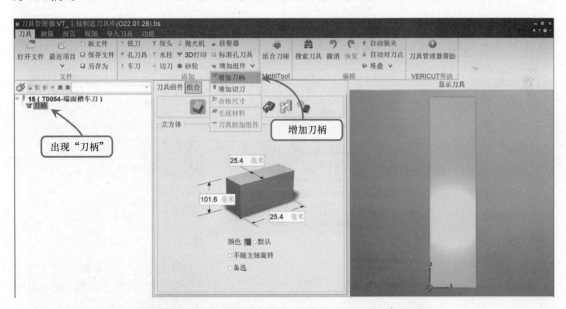

图 2-39　指定刀具界面中的刀具组件 / 组合定义环境

7）在图 2-40 中，单击模型文件图标，刀具管理器界面中间出现"模型文件"栏，单击"模型文件"文本框右侧图标，弹出"打开 ..."对话框，在"打开 ..."对话框中，选择"T0054-1"（TF0001-HSK - Coromant Capto® 接柄的三维模型），在"文件名（N）："栏中出现"T0054-1"，"单位"下拉列表选择"毫米"，单击"打开"按钮。

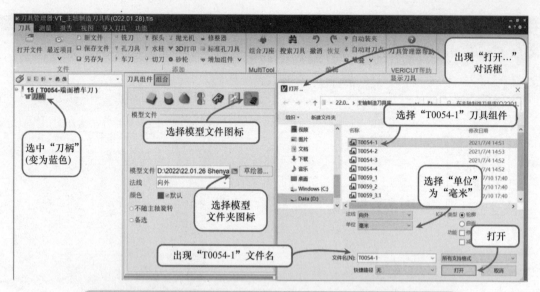

图 2-40　在指定刀具界面的刀具组合定义环境中，定义刀具刀柄步骤

> **注意**：T0054- 端面槽车刀的三维模型，来自数字化刀具库应用架构（见图 2-1）中的刀具数据库。

8）在图 2-41 中，随着上一步操作结果，在"显示刀具"区出现 T0054-1 刀具组件（TF0001-HSK_Coromant Capto® 接柄的三维模型）。

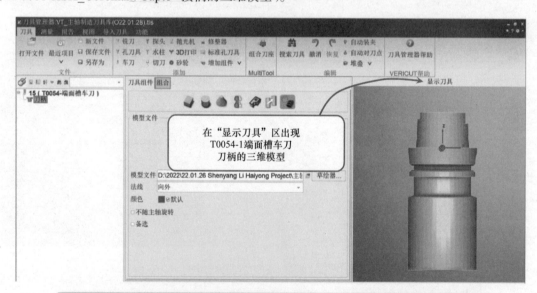

图 2-41　在指定刀具界面的刀具组合定义环境中，定义刀具刀柄 – 机床接柄步骤

9）在图 2-42 中，与上相同，用增加刀柄的方法，将 T0054-2 刀具组件（TF0085_Coromant Capto® - CoroTurn® SL 接柄的三维模型）按刀具安装顺序，加载到刀具 15 下。在"显示刀具"区出现装配到位的接柄。

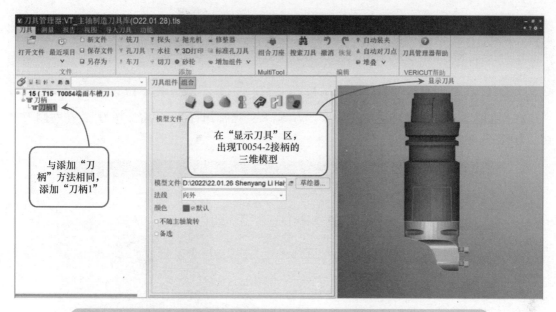

图 2-42　在指定刀具界面的刀具组合定义环境中，定义刀具刀柄 1- 接柄步骤

> 注意：在 VERICUT ToolMan 中，除了刀具的切削部分，其他刀具组件一律称为刀柄。不同刀柄用刀柄后的编号加以区别，如刀柄，刀柄1，刀柄2。

10）在图 2-43 中，与上相同，用增加刀柄的方法，将 T0054-3 刀具组件（TF0083_Coro-Cut® 1-2 端面切槽切削头的三维模型），按刀具安装顺序，加载到刀具 15 下。在"显示刀具"区出现装配到位的端面切削刀头。

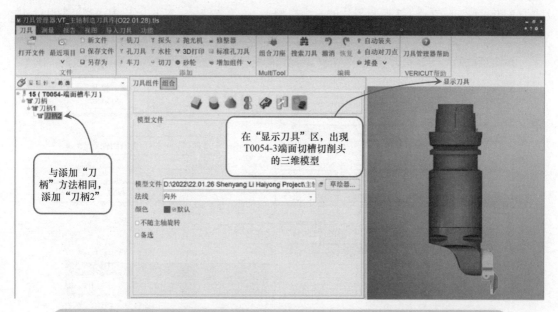

图 2-43　在指定刀具界面的刀具组合定义环境中，定义刀具刀柄 2- 切槽切削头步骤

注意：刀柄–机床接柄，刀柄1-接柄，刀柄2-端面切槽切削头能够精确装配到位的原因是这些刀具组件在 NX12 中已经精准装配到位，再转换成单独的 .stl 格式刀具组件供 VERICUT ToolMan 使用的。

11）在图 2-44 中，选择主菜单命令"刀具">"增加组件">"增加切刀"，在左侧刀具15"刀柄2"下出现"刀片"。

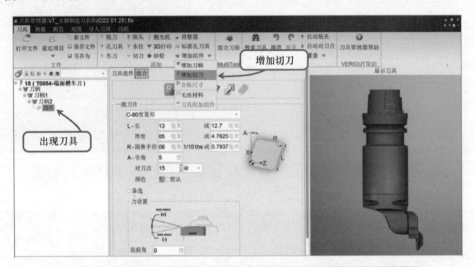

图 2-44　在指定刀具界面的刀具组合定义环境中，定义刀片步骤之一

12）在图 2-45 中，单击模型文件图标，刀具管理器界面中间出现"模型文件"栏，单击"模型文件"栏右侧图标，弹出"打开..."对话框，在"打开..."对话框中，选择"T0054-4"刀片（TF0084-CoroCut® 1-2 切断刀片的三维模型），在"文件名（N）："栏中出现"T0054-4"，"单位"下拉列表中选择"毫米"，单击"打开"按钮。

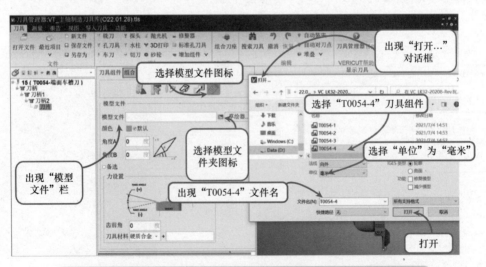

图 2-45　在指定刀具界面的刀具组合定义环境中，定义刀片步骤之二

13）在图 2-46 中，随着上一步操作，在"显示刀具"区出现"T0054-4"刀片（TF0084-CoroCut® 1-2 切断刀片）的三维模型，刀片已经装配到位。

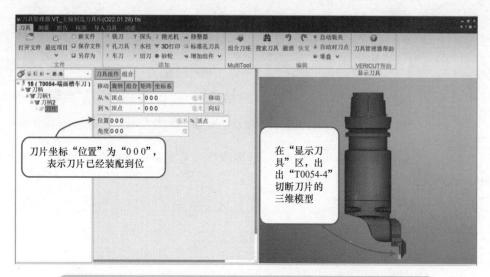

图 2-46　在指定刀具界面的刀具组合定义环境中，定义刀片步骤之三

14）在图 2-47 中，选择"自动对刀点"，进入"刀具信息"界面，在"ID"为"15"下，将 T0054- 端面槽车刀数字化刀具设置指导书上长度偏置值和半径偏置值，分别输入"数值（毫米）"栏 X 和 Z 的位置，注意方向。在"显示刀具"区，看到对刀完成的端面槽车刀对刀点。

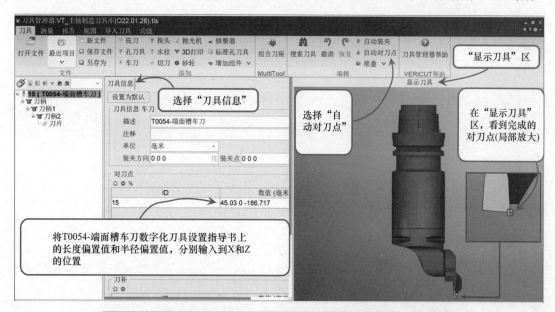

图 2-47　在指定刀具界面的刀具组合定义环境中，设置对刀点步骤

至此，以 MAZAK Integrex i300 车铣复合加工中心加工主轴为例，VERICUT 刀具库中的 T15- 轴向槽车刀创建完成。这把刀将用于主轴数字化机加工工艺设计中的工艺验证环节。

在图 2-48 中，可以看到在主轴数字化机加工工艺设计的工艺验证结果，VERICUT 显示数字化虚拟 MAZAK Integrex i300 车铣复合加工对主轴法兰端面槽加工的工艺验证过程。

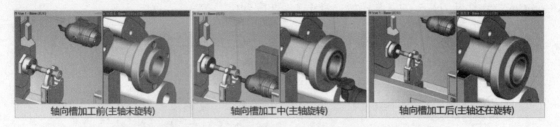

图 2-48　VERICUT 上显示主轴法兰端面槽加工工艺验证过程

扫描本书前言中的二维码，可以看到在 VERICUT 上创建的端面槽车刀参数及其对主轴法兰端面槽进行车削加工的视频。

第 3 章

VERICUT 机床构建 **3**

VERICUT 机床构建的过程就是先将实际数控机床按照运动逻辑关系进行分解梳理，并为各部件构筑简单明了的三维数字模型，再按照相互之间的逻辑结构关系进行"装配"，最后通过控制系统进行简单的机床运动关系模拟验证，如工作台的移动、转台的旋转、X/Y/Z 轴的移动、A/B/C 轴的旋转等。

3.1 机床建模的关键概念

3.1.1 组件与模型

VERICUT 提供不同类型的组件（Component）表示不同功能的实体模型，包括机床的基础床身（Base）、直线轴 X/Y/Z、旋转轴 A/B/C、主轴（Spindle）、毛坯（Stock）、设计（Design）、夹具（Fixture）和刀具（Tool）等组件，再通过增加几何模型到组件的方法，赋予组件三维尺寸及形状，使组件显性化。具体步骤:首先，通过定义基础床身、直线轴 X/Y/Z、旋转轴 A/B/C、主轴、毛坯、夹具和刀具等组件与模型，按真实加工时实体间的相对连接关系，将各组件、模型连接到数控机床正确的位置，构成组件树；然后，运用控制系统文件定义各组件模型的运动，使之与真实加工时各自的运动相同；最后，采用相应的刀位轨迹文件进行仿真切削加工。注意，组件在默认状态下是没有尺寸和形状的，组件只定义了实体模型的功能，组件与模型之间的关系如图 3-1 所示。

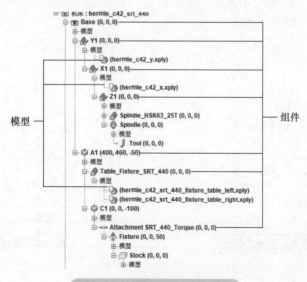

图 3-1　组件与模型之间关系

VERICUT 为便于管理机床之外的组件，如毛坯（Stock）、设计（Design）、夹具（Fixture），设置附属（Attach）组件，建立了如图 3-2 所示的拓扑关系。

图 3-2　附属（Attach）组件拓扑关系

　注意：机床的设备基础、立柱、操作面板等非运动部件，可理解为基础床身。

3.1.2　机床坐标系的建立

为便于描述机床的运动，简化数控程序编制的方法，保证数控程序的互换性，数控机床的坐标系和运动方向均按 ISO 国际标准定义。

1. 基本坐标系

机床坐标系（Machine Coordinate System，MCS）以机床原点 O 为坐标系原点，并遵循笛卡儿坐标系规则，称为基本坐标系，也称世界坐标系或原始坐标系，是建立工件加工坐标系的基础。

2. 基本坐标轴

基本坐标系中的三个直线坐标轴，称为基本坐标轴，分别采用字母 X、Y、Z 表示。

3. 笛卡儿坐标系

基本坐标系中 X、Y、Z 轴的相互关系按照笛卡儿坐标系规则：伸出右手的大拇指、食指和中指，并互为 90°；大拇指代表 X 轴，食指代表 Y 轴，中指代表 Z 轴；大拇指指向为 X 轴的正方向，食指指向为 Y 轴的正方向，中指指向为 Z 轴的正方向；反之为负方向，如图 3-3 所示。

4. 旋转轴

围绕 X、Y、Z 轴旋转的旋转轴分别采用字母 A、B、C 表示；根据右手螺旋定则，大拇指指向表示各直线轴 X、Y、Z 的正方向，则其余四指的环绕方向分别表示旋转轴 A、B、C 的正方向；反之为负方向，如图 3-4 所示。

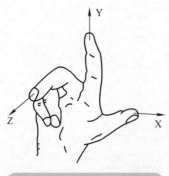

图 3-3　笛卡儿坐标系定义

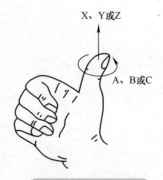

图 3-4　旋转轴定义

5. 附加坐标轴

在直角坐标轴 X、Y、Z 上，增加附加坐标轴，定义第一组附加直线坐标轴 U、V、W，如图 3-5 所示；第二组附加直线坐标轴 P、Q、R。

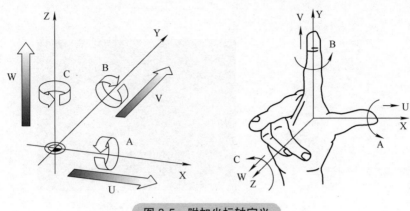

图 3-5　附加坐标轴定义

6. 工件的运动定义

按 ISO 国际标准坐标原则，假设工件是静止的，刀具是运动的，刀具相对工件运动；刀具远离工件的运动方向为坐标轴正方向。典型结构为桥式龙门机床，如图 3-6 所示。

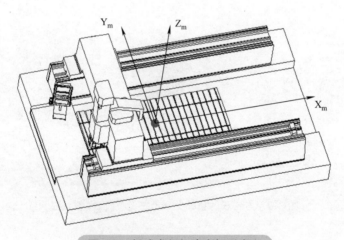

图 3-6　桥式龙门机床坐标系定义

3.1.3　机床三维实体模型的建立

在 VERICUT 中，定义几何模型主要有三种方法。

1）仅建立机床结构拓扑关系，但不导入三维实体模型，能够进行三轴、四轴、五轴程序仿真，只是仿真不直观、盲区较多，初学者难以理解，如图 3-7 所示。

2）利用 VERICUT 自带的建模模块，通过定义长方体、圆锥体和圆柱体三类简单形状模型来构建机床。

该方法适用于结构简单机床的建模，只是其几何模型外观粗略，几何模型位置调整烦琐，多用于简易机床建模或教学培训，如图 3-8 所示。

图 3-7　方法一的拓扑关系

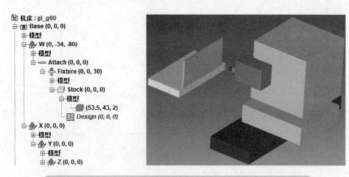

图 3-8   方法二的拓扑关系（左）、几何模型（右）

3）先通过 CATIA、NX、Pro/E NGINEER 等 CAD 软件建立几何模型，再输出 .igs、.stl、.stp、.catv 等格式文件，然后通过 VERICUT 提供的图形输入接口导入机床仿真系统中。

该方法适用于结构复杂机床的建模，其几何模型外观逼真，主要尺寸比例 1:1，几何模型位置调整简单，主要用于复杂工件的加工仿真，是目前机床建模的主流方式，如图 3-9 所示。

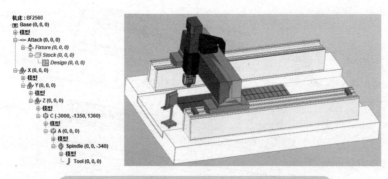

图 3-9   方法三的拓扑关系（左）、几何模型（右）

熟练掌握以上三种方法后，可交叉使用以提高建模效率。

3.2   构建机床思路

3.2.1   建立机床运动轴组件的拓扑结构

数控机床有三个线性轴 X、Y、Z 和三个旋转轴 A、B、C。通常，三轴联动指三个线性坐标同时进行插补运动，四轴联动指三个线性坐标加上一个旋转坐标同时进行插补运动，五轴联动指三个线性坐标加上两个旋转坐标同时进行插补运动。

若要建立 VERICUT 机床模型拓扑结构，必须先了解机床各轴之间的相互运动关系及相关参数。在分析机床各组件运动关系时，分别从刀具和工作台入手，关键是要抓住两条主要的运动链；一条是"机床立柱和底座→刀具"传动链；另一条是"机床立柱和底座→工作台"传动链，如图 3-10 所示。这两条传动链构成了数控机床的基本模型。

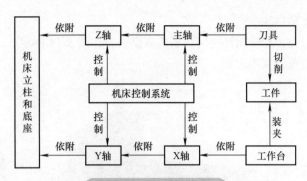

图 3-10　机床拓扑结构

目前大部分设备结构为串联结构（环环相扣，一环套一环，前后为"父级与子级"或"上级与下级"关系），个别设备为并联结构。

1. 串联结构

AC 轴摆头，C 轴附带 A 轴，C 轴为父级，A 轴为子级，通过处于不同角度姿态，形成 C 轴、A 轴坐标值，如图 3-11 所示。

2. 并联结构

Sprint Z3 摆动轴，通过 Z1、Z2、Z3 三个线性轴的直线插补实现主轴（Spindle）±45° 摆动；Z1、Z2、Z3 轴并列，为同级结构，通过 Z1/Z2/Z3 轴处于不同位置，形成 Z 轴、A 轴、B 轴坐标值，如图 3-12 所示。

3. 常见机床拓扑结构

五轴机床各组件之间的相对位置关系复杂，转动中心之间的位置，转动中心到主轴端面的距离（即转心距）和转动中心轴线到主轴轴线的偏置距离（即偏心距），这些参数直接决定仿真结果的有效性。总之，机床模型的各坐标轴相互运动关系与机床各坐标轴实物必须保持一致。常见五轴机床拓扑结构实例如下。

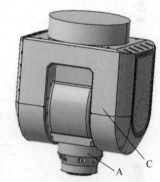

图 3-11　串联结构

（1）五轴立式加工中心

1）结构特点：45° 斜交，B 轴摆头 +C 轴转台、立卧转换；机床基础、立柱、Y 轴、Z 轴、B 轴、X 轴、C 轴等形成"C 形"结构；X 轴、Y 轴并列依附于床身，如图 3-13 所示。

2）参考型号：德玛吉 DMU100P。

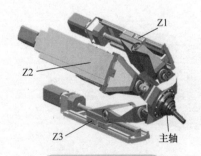

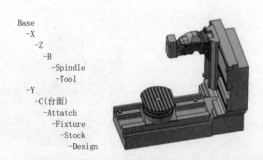

图 3-12　并联结构　　　图 3-13　五轴立式加工中心的拓扑关系（左）、几何模型（右）

（2）五轴动柱龙门加工中心

1）结构特点：正交，X轴动柱龙门，插式双摆头，如图3-14所示。

2）参考型号：乔布斯JOBS145。

图3-14　五轴动柱龙门加工中心的拓扑关系（左）、几何模型（中）、插式双摆头（右）

（3）六轴桥式龙门加工中心

1）结构特点：正交，X轴动柱龙门，六轴桥式龙门，串联结构，M3ABC摆头，X/Y/Z/A/B/C六轴联动，如图3-15所示。

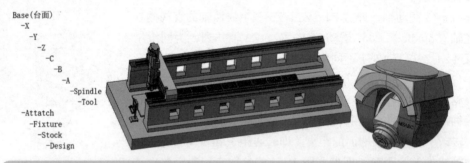

图3-15　六轴桥式龙门加工中心的拓扑关系（左）、几何模型（中）、摆头M3ABC（右）

2）参考型号：兹默曼FZ100，摆头M3ABC。

（4）八轴卧式镗铣加工中心

1）结构特点：正交，X轴动柱，B轴转台，卧立转换，八轴串联结构，两类五轴联动；X轴、W轴并列依附于床身。八轴：X/Y/Z/A/B/C/W/R（镗杆）。AC轴插式双摆头，X/Y/Z/A/C五轴联动；A轴摆头+B轴转台，X/Y/Z/A/B五轴联动，如图3-16所示。

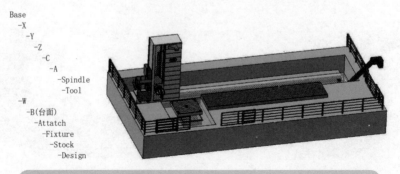

图3-16　八轴卧式镗铣加工中心的拓扑关系（左）、几何模型（右）

2）参考型号：富博特M-ARX、GM093。

（5）五轴卧式加工中心

1）结构特点：正交，卧式翻板，X轴动柱，插式双摆头，如图3-17所示。

2）参考型号：里内Powermill3418。

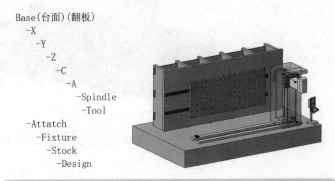

图3-17　五轴卧式加工中心的拓扑关系（左）、几何模型（右）

（6）五轴卧式并联机床

1）结构特点：卧式翻板铣，X轴动台，Z1/Z2/Z3轴为并联结构，虚拟轴A、B、Z。Y轴、X轴并列依附于床身；Z1、Z2、Z3轴并列依附于Y轴，如图3-18所示。通过使Z1、Z2、Z3三个直线轴的位置、速度不同，拟合成加工所需的刀轴角度和刀尖位置，再将角度和位置解析为A轴、B轴、Z轴的坐标值；再与X/Y直线轴配合，形成X/Y/Z/A/B五轴联动，实际是X/Y/Z1/Z2/Z3五个直线轴的机械联动。

2）参考型号：斯达拉格DST ECOSPEED_F_2040。

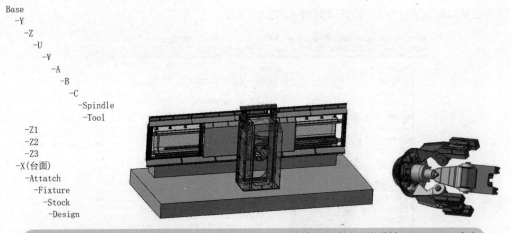

图3-18　五轴卧式并联机床的拓扑关系（左）、几何模型（中）、并联轴Z1/Z2/Z3（右）

（7）车铣复合加工中心

1）结构特点：斜床身，B轴摆头，车主轴+尾座顶尖（Tailstock）+铣主轴，铣削时X/Y/Z/B/C五轴联动，车削时Z/X/B三轴联动；Z轴、C轴及W轴（尾座顶尖）并列依附于床身，如图3-19所示。

2）参考型号：WFL M65。

```
Base
 -Z
   -X
     -Y
       -B
         -Tool Spindle
           -Tool
 -C(夹持点)
   -Main Spindle
     -Attatch
       -Fixture
         -Stock
           -Design
 -W
```

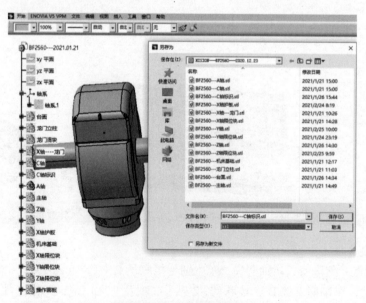

图 3-19　车铣复合加工中心的拓扑关系（左）、几何模型（右）

3.2.2　建立机床组件模型

拓扑结构建立之后，在各组件下分别添加三维模型文件，通常文件格式为".stl"。例如，组件 Base 下增加"机床型号—机床基础 .stl"、组件 X 下增加"机床型号—X 轴 .stl"、组件 A 下增加"机床型号—A 轴 .stl"、组件 Spindle 下增加"机床型号—主轴 .stl"等。因为机床的干涉和碰撞主要发生在旋转轴 A/B/C、主轴、刀柄与工件、夹具、毛坯之间，所以组件模型旋转轴 A/B/C、主轴、刀柄的尺寸大小、坐标位置关系必须与实际机床结构完全相同，外形尺寸比例 1:1；而机床的其他组件模型则可简化，如 X/Y/Z 轴的组件模型。

由于机床模型结构复杂，故先通过 CATIA 或 NX 等 CAD 软件构建机床三维模型，再以组件为单位逐个导出".stl"格式文件。例如，X 轴、C 轴、主轴分别另存，如图 3-20 所示，最后通过图形接口将这些".stl"格式文件导入 VERICUT。

图 3-20　另存机床模型

> **注意：**导出组件模型时的参考坐标系和 VERICUT 中相应的组件坐标系须匹配，便于装配时减少移动或旋转组件的工作量，能够有效降低机床调试难度。Vericut7.0 以上版本识别中文 ".stl" 格式文件。

3.3　构建机床注意事项

构建机床的注意事项如下。

1）构建机床应该在机床零位（也称零状态、零点或复位）下建立。零位是机床各个轴回零的位置或角度状态，即 X0Y0Z0A0B0C0U0V0W0 点，只有在该状态下各组件之间的相对位置或角度才是唯一的；但是加工前实际机床各轴坐标一般不处于零位，在此情况下进行加工可能产生超程、碰撞或报警，所以机床开机后必须强制"回零"或"复位"，一般"回零"或"复位"只是各轴回到某个参考点，并非回到 X0Y0Z0A0B0C0U0V0W0 点。

VERICUT 构建机床，与机床初始设计一样，必须在零位下进行模拟加工。

理论上，机床在零位下可设置任意一点作为机床坐标系原点。不过，为减少工件位置调整难度，便于后续数控程序仿真，通常将数控铣床工作台上表面中心定义为机床坐标系原点，如图 3-21 所示；数控车床主轴端面中心定义为机床坐标系原点，如图 3-22 所示；同时，各运动轴定义在距离原点较远的某个位置。

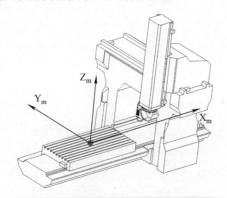

图 3-21　数控铣床工作台上表面中心

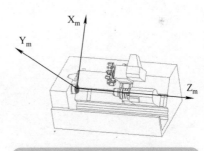

图 3-22　数控车床主轴端面中心

在 VERICUT 中，机床坐标系原点（机床基点）与机床床身组件的零点重合，其坐标系也重合，如图 3-23 所示。

2）在给组件添加模型后，需调整模型位置或角度，注意此时操作对象是模型，而不是组件。

3）正确理解组件与模型、组件坐标系与模型坐标系之间的关系，是"父级与子级"或"上级与下级"关系。同时注意理解**"相对于上级组件位置"**和**"相对于坐标系统位置机床基点"**。

4）先按机床零位坐标构建机床模型，再根据机床制造商提供的机床资料，定义机床特殊参数，如行程（Travel Limits）、初始位置（Initial Machine Location）、换刀位置（Tool Change Location）、锁轴 / 解锁指令、换刀指令 M6 或 L6、换头指令、最大进给速度 F、最高转速 S 等。

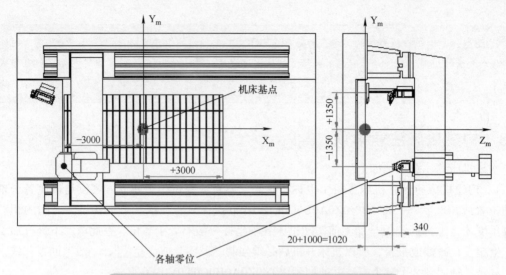

图 3-23　机床坐标系原点与机床床身组件的零点重合

第 4 章

VERICUT 控制系统配置

4

4.1 VERICUT 控制系统综述

控制系统要分开理解，即实际机床的控制系统和仿真软件的控制系统，二者既有相同之处，又有所区别。实际机床的控制系统是真实的控制系统，直接作用于机床，是数控系统供应商开发的、采用专业代码编写、用于控制机床运动的程序，代码一般不为他人知晓。该程序的任务是解析机床代码功能（如 G 代码、M 代码等），并控制机床的运动；控制系统是机床最基本、最重要、最核心部分，其控制的是物理层面，直接作用于机床硬件。仿真软件的控制系统是虚拟的控制系统，直接作用于仿真软件的虚拟机床；其任务是向仿真软件里的虚拟机床解析机床代码功能（如 G 代码、M 代码等），并模拟虚拟机床的运动；它是用户根据自身需求和实际机床，通过仿真软件提供的宏程序由仿真软件开发者构建的或用户修改完善的虚拟控制程序。正是有了仿真软件的控制系统，虚拟机床和真实机床具备对相同指令执行相同动作的功能，才能将虚拟机床与实际加工统一起来。只有理解了实际机床的控制系统和仿真软件的控制系统，才能正确地建立仿真软件的控制系统。

在虚拟机床的组件和模型设置完成之后，机床仍不能运动，还需为机床配置数控系统，使机床具有解析数控代码、进行插补运动等功能。VERICUT 软件提供 FANUC、SIEMENS、HEIDENHAIN、PHILLIPS 等常规控制系统，文件扩展名为 ".ctl"，一般情况下用户可直接调用。若 VERICUT 软件自带的控制系统无法符合应用要求，则采用 VERICUT 提供的宏程序进行配置或修改控制文件，如某些特殊的指令须根据指令的含义及用法规则，定义相关的字格式、地址，或进行二次开发。

VERICUT 控制系统对 "G 代码" 的解析过程和实际机床控制系统完全相同，配置系统一般按以下两个步骤：

1）定义指令代码格式（字格式定义）。

2）为指令代码配置宏指令（字地址赋予功能）。

 提示：若读者不具备控制系统定义的相关基础知识，可略过本章直接学习后面内容。

4.2 VERICUT 控制系统配置

4.2.1 "机床 / 控制系统" 菜单

数控机床的控制系统配置位于 "机床 / 控制系统" 菜单中，包括字格式、字地址、控制设定、高级控制选项和控制系统变量等，用于定义机床 NC 程序功能，如图 4-1 所示。

图4-1 "机床/控制系统"菜单

> 注意：NC 程序即数控程序的统称，包含 G、M、T、D、S、F、N、X、Y、Z、A、B、C 等指令、变量、子程序、宏程序及特殊字符指令。

1. 构建 NC 控制

VERICUT 支持以 EIA STD RS-274 格式处理 G 代码数据，以及各种会话格式；提供各类用户接口，如 C 宏扩展 – 应用程序编程接口（CME-API）。利用 VERICUT 开发工具的 CGTech 帮助库，可自定义非标代码和格式。

与控制相关的所有信息都存储在一个控制文件（简称控件）中，该文件与对应的机床匹配。

2. 定义 G 代码和特殊字符

VERICUT 使用"字格式"定义 G 代码和特殊字符，还可定义所设置的"字"或符号的一般功能。对于需要与地址配对的"字"，例如，定义 G0 快速移动命令的格式，是由名字为 G、类型为宏（选择对应宏 MotionRapid）、公制格式为 2.1（2.1 表示最多支持 2 位数和小数点后面 1 位）构成的；"X"轴的格式是由类型为宏（选择对应宏 XAxisMotion）、次级类型为数字、公制格式为 5.4（5.4 表示最多支持 5 位数和小数点后 4 位）构成的。还可用英文"单词"定义 NC 控制系统所支持的格式，例如，用 open door 和 close door 定义机床门组件的开和关，使 NC 控制系统能识别该命令。具体使用方法在 4.2.2 小节中介绍。

3. "字地址"分组

"字"和"地址"是配对的（每个"字"都会指向一个"地址"，该"地址"存储的是一个特定功能的宏，如快速移动、直线插补等），或分组使用"G- 代码处理"窗口功能，然后将每个组配置为执行一个或多个操作，方法是为它们配置宏。例如，模拟机床停止运动的 M0，可在 M_Misc 类别下添加一个"字"为 M，"范围"为 0，描述为程序停止（Programmed Stop），配置宏为 StopProgram。

若要检查之前定义的代码是否与其他条件产生冲突，可利用工具中的"确认"功能并使用左右箭头进行条件检查，以检查更改"字"/"地址"解释方式的条件是否有冲突，例如，块中的其他代码、当前变量值、机床状态等。X 通常被定义为 X 轴运动，但对于块中的 G4，在控件中需要将 X 设置为"暂停时间"，这样设置就不会出现冲突；若产生冲突，系统的日志器上就会实时显示与什么设置出现了冲突。

通过 VERICUT 自带的宏模拟常见的机床控制动作。另外，可通过更改宏或使用 C 宏扩展 – 应用程序编程接口（CME-API）创建新的宏（二次开发数据接口），定义"字"/"地址"。此时，控件生成一个自定义的 CME 文件。

4. 控制模拟动作的顺序

1）列出"字"/"地址"类的顺序，控制执行相应的操作。

2）对于类别中各个组的所有相关操作，它们出现在 G 代码数据块中，按照前后顺序来控制模拟相关动作。

5. 数据块处理

选择 G 代码处理数据块"N10 G1 X1.3 Y2.5 F110.0"为例，如图 4-2 所示。

按控制定义对块进行解析，首先在"字格式"中定义"字"N、G、X、Y 和 F，块被分成 N10、G1、X1.3、Y2.5、F110.0 五个部分。

1）VERICUT 检查是否可由第一类"Specials"中的组解析任何块指令。N20 标记通过"N*"（* 为通配符，表示 N 后的所有值都是合法的，不会报警）组进行解释，由于具有任意值（*）的 N 已配置调用序列宏 Sequence，代码 N20 被理解为块序列代码。

2）待处理的指令：G1、X1.3、Y2.5 和 F110.0（此时 N20 已被 VERICUT 处理）检查的下一类是"States"（状态），它包含关于机床状态的信息，如运动模式（快速、线性、圆形、NURBS 样条线）、机械加工的主平面、测量系统、尺寸模式等。VERICUT 对 G1 进行解析并调用运动线性宏 MotionLinear 来设置直线插补运动状态。

3）待处理的指令：X1.3、Y2.5 和 F110.0（此时 G1 已被 VERICUT 处理）。检查"Cycles"（循环），查看是否有与循环处理相关的代码。因为其余的指令都不处理循环，所以该类别不会发生任何情况。

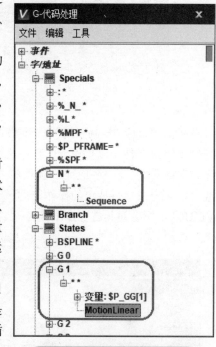

图 4-2　"G- 代码处理"窗口

4）待处理的指令：X1.3、Y2.5 和 F110.0。在"Registers"（记录）中，解析所有剩余的代码。由于该类别中有多个组被访问，因此将根据块中指令的列出顺序调用宏并执行操作：

① X1.3 调用宏 XAxisMotion 设置 X 轴位置为 1.3。

② Y2.5 调用宏 YAxisMotion 设置 Y 轴位置为 2.5。

③ F110.0 调用宏 FeedRate 设置运动进给速度为 110。

5）待处理的指令：无。在处理完所有指令后，VERICUT 将执行如下操作：机床的 X 轴和 Y 轴从当前位置移动到位置 X1.3、Y2.5，进给速度为 110。

6. 控制设定

控制设定主要用于为控件建立默认条件，同时扩展了系统的功能，详细说明了 VERICUT 如何解析特定类型的机床代码，如圆、循环、旋转运动等。

7. 高级控制选项

高级控制选项窗口中的选项提供了更多的 NC 控制功能，例如，指定 NC 控件中可用的子程序，在关键处理事件中执行操作（如开始刀具路径处理、开始处理块等），替换文本字符串等。一般读者无须使用这些高级功能。

4.2.2 字格式

"字格式"用于创建各种"字"，这些"字"在创建时并无具体功能，其作用是让控制系统能够识别这些"字"的用法与组成。通过"字地址"赋予这些"字"具体的用途或功能，如图4-3所示。

图4-3 "字格式""字地址"选项

单击"机床/控制系统">"字格式"，打开"字格式"窗口，定义"字"，指定"检查语法"规则（错误条件）以检查NC程序文件的有效语法，如图4-4所示。定义"字"后，单击"机床/控制系统">"字地址"选项将"字"与地址值进行分组，通过调用VERICUT自带的宏或自定义宏来执行特定的操作，即赋予"字"功能。未定义的"字"在处理时会报出错误，而VERICUT不会对其进行操作。各种"字"和特殊字符及其设置存储在控制文件中。

图4-4 "字格式"窗口

例如，定义SIN（正弦），可使用"添加"按钮，在"名字"中输入SIN（此时SIN只是一个代号，也可是任意字符），在"类型"中选择"功能"，在"次级类型"中选择"sin_d"（此处才是VERICUT中宏的真正功能），如图4-5所示。添加后系统会识别该功能。

> 注意：查询"次级类型"中各项功能含义的方法：鼠标位于该功能处并按<F1>键就可看到该功能的详细解释。系统自动弹出"VERICUT"帮助文档中对宏sin_d的定义和注释。

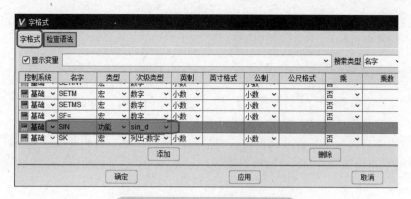

图 4-5　定义 SIN（正弦）示例

4.2.3　字地址

单击"机床/控制系统">"字地址"，打开"G-代码处理"窗口，其结构树由若干部分组成，如图 4-6 所示。"字格式"用于定义程序中"字"的名称和格式；而"字地址"用于赋予"字"以具体功能，包括 G 指令、M 指令、子程序、宏程序、变量、特殊指令、特殊符号等。

"字地址"是机床控制系统（即控制器）的核心部分。

单击"机床/控制系统">"字地址"，出现"G-代码处理"窗口，在"G-代码处理"窗口中"树"的任意节点上右击，选择"添加/修改"，打开"添加/修改 字/地址"窗口，如图 4-7 所示。

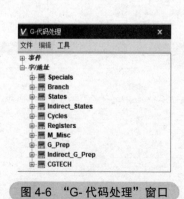

图 4-6　"G-代码处理"窗口

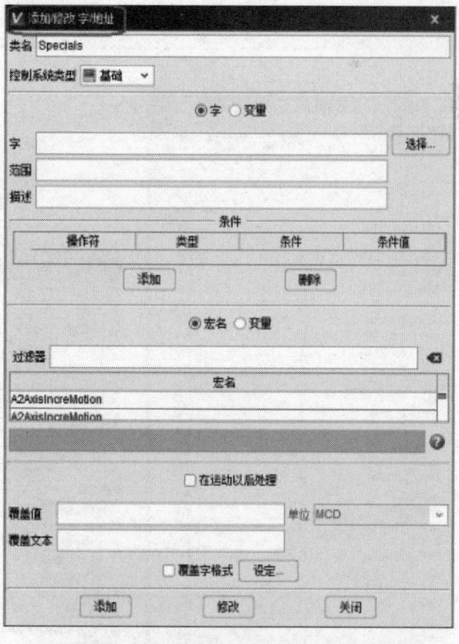

图 4-7　"添加/修改 字/地址"窗口

"添加/修改 字/地址"窗口中的功能能够在控件配置中维护组/条件。可在列表中选定之后添加一个新组，在所选条件之后添加一个新的组条件，以此类推。若添加的组的"字"和

"范围"与之前定义的组的"字"和"范围"匹配,则新组将自动添加。即使先前定义的组驻留在不同的类中也是允许的。

4.2.4 控制系统变量

单击"机床 / 控制系统">"打开控制系统">选择控制系统"fan0m.ctl">"控制系统变量",出现"变量:控制系统"窗口,如图 4-8 所示。

图 4-8 中的变量为系统开机或软件打开时的默认状态,也叫初始状态或模态。若在全局变量中的 4001 变量初始值为 0,则初始状态就是 G0;若 4002 变量初始值为 17,则初始状态就是 G17。

> 💡 **注意:** 显示在变量图标顶部的图像和快速访问工具栏将根据最后一个变量面板(跟踪、最近、项目、控制或全部)而改变显示。

变量选项卡上的功能用于监视、初始化和维护 G 代码变量。大多数变量造项卡是只读的,仅显示信息。变量的默认值为零。"变量:项目"选项卡允许使用任何数字或文本值初始化变量。若输入了初始值或描述,或变量包含在"Variable:跟踪"选项卡中,"值"将保存到项目文件 .VcProject 中。

单击"信息">"变量">"所有 ...",弹出"Variables:所有"窗口,显示当前控制系统中的所有变量及描述,如图 4-9 所示。

> 💡 **注意:** 变量选项卡是"可固定"功能之一,允许在选择时重新定位。

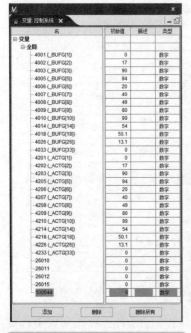

图 4-8 "变量:控制系统"窗口

图 4-9 控制系统所有变量

4.3　常用宏指令介绍

"宏"用于实现功能或动作的指令，赋予"字"具体功能，包括 G 指令、M 指令、子程序、宏程序、变量、特殊指令、特殊符号等。

在为"字"配置"宏"之前，必须先理解"宏"的意义，再理解虚拟机床中"字"的定义，最后理解实物机床中"字"的定义，三者一致，配置"宏"才有意义。宏定义指令如图 4-10 所示。宏 MotionRapid 用于定义 G0，表示快移；宏 MotionLinear 用于定义 G1，表示直线插补；宏 MotionCW 用于定义 G2，表示顺时针旋转；宏 MotionCCW 用于定义 G3，表示逆时针旋转；宏 StopProgram 用于定义 M0，表示程序停止；宏 StopOptional 用于定义 M1，表示程序在任意处暂停；宏 EndProgram 用于定义 M2，表示程序结束；宏 ToolChange 用于定义 M6，表示换刀。

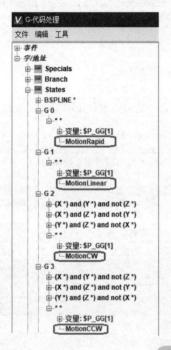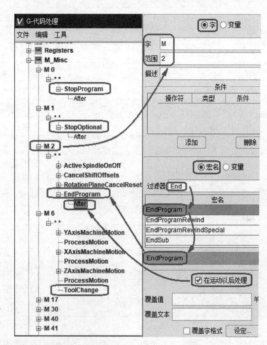

图 4-10　宏定义指令

常见宏指令见表 4-1。

表 4-1　常见宏指令

序号	宏	定义或功能	符号
1	UnitsInch	英制	G70
2	UnitsMetric	公制	G71
3	ModeAbsolute	绝对坐标	G90
4	ModeIncremental	相对坐标	G91
5	FeedModeMinute	每分钟进给（mm/min）	G94
6	FeedModeRevolution	每转进给（r/min）	G95
7	DwellSeconds	进给延时	G4 F*
8	DwellRevolutions	每转延时	G4 S*

（续）

序号	宏	定义或功能	符号
9	ToolCode	刀号	T
10	FeedRate	进给	F
11	ConstantSurfaceSpeed	线速度	S
12	RPMSpeed	转速	S
13	DwellTime	延时	G4
14	OriMode	大圆弧插补	ORIVECT
15	ActiveSpindleDir	主轴正转 / 反转	M3 M4
16	ActiveSpindleOnOff	打开 / 关闭主轴组件	M2 M30
17	ActiveSpindleSpeed	主轴旋转	
18	ActiveSpindleMaxSpeed	控制主轴最高转速	S*
19	ActiveSpindleMinSpeed	控制主轴最低转速	S*
20	XAxisMachineMotion	移动 X 轴至覆盖值	X
21	YAxisMachineMotion	移动 Y 轴至覆盖值	Y
22	ZAxisMachineMotion	移动 Z 轴至覆盖值	Z
23	ProcessMotion	处理与前一组命令相关联的运动	
24	IgnoreMacro	忽略调用它的指令，不执行任何操作	
25	NullMacro	不执行任何操作	
26	ErrorMacro	错误	
27	ChangeSubsystemID	按覆盖文本值更改当前控制系统驱动的子系统	
28	CallTextSubName	呼叫子程序文本	
29	EndSub	子程序结束	
30	TurnOnOffGageOffset	用于刀具长度偏置	G43G49
31	TurnOnOffGagePivotOffset	打开 / 关闭转心距偏置	G43.4G49
32	RtcpContour	RTCP 模式	RTCP
33	RtcpMode	RTCP 模式（VERICUT7.4 增加）	RTCP
34	RtcpON	激活 RTCP	RTCP
35	RtcpOff	关闭 RTCP	RTCP
36	RotaryControlPointOnOff	刀尖旋转控制，激活 / 关闭刀尖跟随	RTCP
37	DynamicWorkOffsetsMode	动态工作偏移量模式	
38	DynamicWorkOffsets	动态工作偏移量	
39	UpdateRotaryOffsets	及时更新偏移量	
40	RotaryDirShortestDist	就近旋转	C=DC
41	RotaryDirShortestDist180CW	180° 时顺时针就近旋转	C=DC
42	LockComponentOnOff	锁轴	

4.4 控制系统配置实例

4.4.1 配置三轴设备对刀指令

三轴华中数控或 FANUC 0i 系统，配置对刀指令 G43，如图 4-11 所示；配置取消对刀指令 G49，如图 4-12 所示。

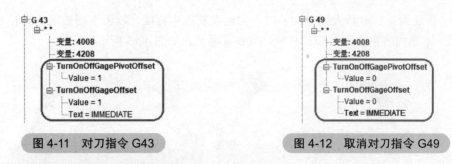

图 4-11 对刀指令 G43　　　　图 4-12 取消对刀指令 G49

4.4.2 配置五轴自动刀尖跟随指令

自动刀尖跟随又称"刀具中心轨迹编程""旋转刀具中心编程"，即当编程坐标系（MCS）原点不在两个旋转轴相交之处时，自动刀尖跟随激活，控制系统根据机床设置的转心距、偏心距、刀长，自动补偿刀尖位置，确保工件正常加工。

自动刀尖跟随分为 RTCP、RPCP 两种类型。RTCP 主要用于双摆头类型机床的自动刀尖跟随；RPCP 主要用于双转台、转台＋摆头类型机床的自动刀尖跟随。

1. 刀尖跟随区别

1）围绕某一点：激活刀尖跟随后运动时刀尖位置和角度保持不变，取消刀尖跟随后运动时转心位置和角度保持不变，如图 4-13 所示。

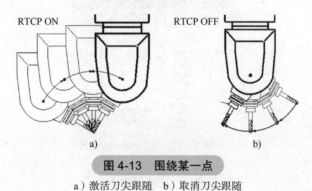

图 4-13 围绕某一点

a）激活刀尖跟随　b）取消刀尖跟随

2）直线插补：激活刀尖跟随时刀尖运动轨迹为直线，取消刀尖跟随时转心运动轨迹为直线，如图 4-14 所示。

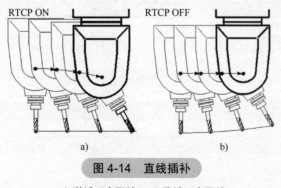

图 4-14 直线插补

a）激活刀尖跟随　b）取消刀尖跟随

3）弦线误差：激活大圆弧插补时刀尖运动轨迹为直线，取消大圆弧插补时转心运动轨迹为直线，本条内容主要用于 SIEMENS 840D sl 系统，如图 4-15 所示。

a)   b)

图 4-15　弦线误差

a）激活大圆弧插补　b）取消大圆弧插补

2. 刀尖跟随设置

在 VERICUT 中，单击"机床 / 控制系统" > "控制设定" > "旋转"，进入自动刀尖跟随设置，如图 4-16 所示。自动刀尖跟随（RTCP）的模式由控制系统决定，一般按默认设置，即"RTCP模式"选择"连续"。

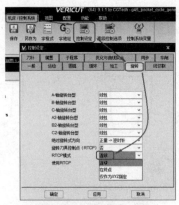

图 4-16　刀尖跟随设置

3. 常见控制系统五轴刀尖跟随指令（见表 4-2）

表 4-2　常见控制系统五轴刀尖跟随指令

序号	典型数控系统	激活刀尖跟随	取消刀尖跟随	VERICUT 控件
1	SIEMENS 840D sl	TRAORI	TRAFOOF	sin840d.ctl
2	SIEMENS ONE	TRAORI	TRAFOOF	/
3	HEIDENHAIN iTNC530	M128	M129	hei530.ctl
4	HEIDENHAIN TNC640	M128	M129	hei640.ctl
5	FIDIA C20	G96	G97	/
6	FIDIA C30	G96	G97	fidia_m30.ctl
7	FANUC 15i	G43.4	G49	fan15im.ctl
8	FANUC 30i	G43.4	G49	fan30im.ctl
9	FANUC 31i	G43.4	G49	fan31im.ctl
10	HNC-848Di	G43.4	G49	/
11	HAAS	G234	G49	haascnc.ctl

4. 常见五轴机床刀尖跟随指令配置宏

1）五轴动柱龙门加工中心。

数控系统：sin840d.ctl。旋转轴结构：AC 轴双摆头，铣削 X/Y/Z/A/C 五轴联动，激活指令 TRAORI*、取消指令 TRAFOOF*，如图 4-17 所示。

图 4-17 五轴动柱龙门加工中心的模型（左）、激活刀尖跟随（中）、取消刀尖跟随（右）

2）八轴卧式镗铣加工中心。

数控系统：sin840d.ctl。结构特点：八轴 X/Y/Z/A/B/C/W/R（镗杆），拓扑关系及几何模型，如图 4-18 所示。旋转轴结构：AC 轴插式双摆头，铣削 X/Y/Z/A/C 五轴联动，激活指令 TRAORI（1）*、取消指令 TRAFOOF*，如图 4-19 所示；A 摆头 +B 转台，铣削 X/Y/Z/A/B 五轴联动，激活指令 TRAORI（2）*、取消指令 TRAFOOF*，如图 4-20 所示。

参考型号：富博特 GM093。

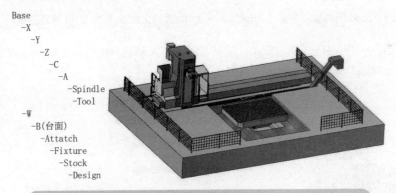

图 4-18 八轴卧式镗铣加工中心的拓扑关系（左）、模型（右）

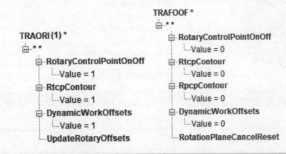

图 4-19 AC 轴插式双摆头激活刀尖跟随（左）、取消刀尖跟随（右）

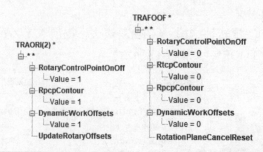

图 4-20　A 摆头 +B 转台激活刀尖跟随（左）、取消刀尖跟随（右）

3）五轴卧式加工中心。

① 数控系统：sin840d.ctl。旋转轴结构：A 摆头 +B 转台，铣削 X/Y/Z/A/B 五轴联动，激活指令 TRAORI、取消指令 TRAFOOF*，如图 4-21 所示。

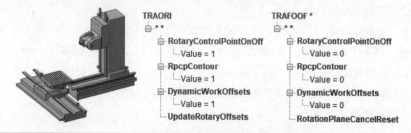

图 4-21　五轴卧式加工中心①的模型（左）、激活刀尖跟随（中）、取消刀尖跟随（右）

② 数控系统：华中 HNC-848Di.ctl。旋转轴结构：A 转台 +B 转台，铣削 X/Y/Z/A/B 五轴联动，激活指令 G43.4、取消指令 G49，如图 4-22 所示。

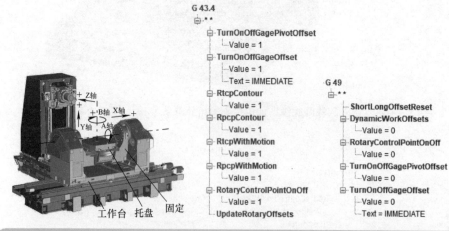

图 4-22　五轴卧式加工中心②的模型（左）、激活刀尖跟随（中）、取消刀尖跟随（右）

4）五轴立式加工中心。

① 数控系统：hei530.ctl。旋转轴结构：A 摆头 +C 转台，铣削 X/Y/Z/A/C 五轴联动，激活指令 M128、取消指令 M129，如图 4-23 所示。

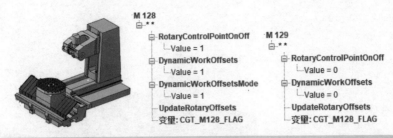

图 4-23　五轴立式加工中心①的模型（左）、激活刀尖跟随（中）、取消刀尖跟随（右）

② 数控系统：Fanuc30i.ctl。旋转轴结构：B 转台 +C 转台，铣削 X/Y/Z/B/C 五轴联动，激活指令 G43.4、取消指令 G49，如图 4-24 所示。

参考型号：牧野 D200Z。

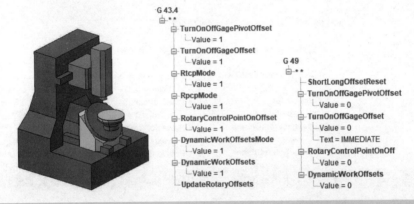

图 4-24　五轴立式加工中心②的模型（左）、激活刀尖跟随（中）、取消刀尖跟随（右）

5）五轴桥式龙门加工中心。

数控系统：fidia_m30.ctl。旋转轴结构：AC 轴双摆头，铣削 X/Y/Z/A/C 五轴联动，激活指令 G96、取消指令 G97，如图 4-25 所示。

参考型号：菲迪亚 GTF27_8。

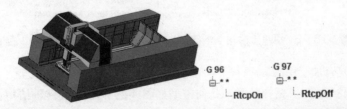

图 4-25　五轴桥式龙门加工中心的模型（左）、激活刀尖跟随（中）、取消刀尖跟随（右）

6）卧式车铣复合加工中心。

数控系统：sin840d.ctl。拓扑关系及几何模型如图 4-26 所示。旋转轴结构：B1 摆头 +C1 卡爪（立铣），铣削 X/Y/Z/B1/C1 五轴联动，激活指令 MILL5AON*、取消指令 MILL5AOF*，如图 4-27 所示；B1 摆头（卧车），车削 Z/X/B1 三轴联动，激活指令 TURNB1ON*、取消指令 TURNB1OF*，如图 4-28 所示。

参考型号：WFL M65。

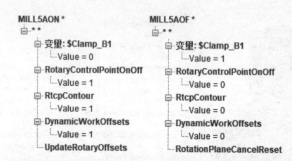

```
Base
 -Z
  -X
   -Y
    -B
     -Tool Spindle
      -Tool
 -C(夹持点)
  -Main Spindle
   -Attach
    -Fixture
     -Stock
      -Design
 -W
```

图 4-26   卧式车铣复合加工中心的拓扑关系（左）、模型（右）

MILL5AON *   MILL5AOF *
└─* *   └─* *
  └─变量: $Clamp_B1   └─变量: $Clamp_B1
    └─Value = 0   └─Value = 1
  └─RotaryControlPointOnOff   └─RotaryControlPointOnOff
    └─Value = 1   └─Value = 0
  └─RtcpContour   └─RtcpContour
    └─Value = 1   └─Value = 0
  └─DynamicWorkOffsets   └─DynamicWorkOffsets
    └─Value = 1   └─Value = 0
  └─UpdateRotaryOffsets   └─RotationPlaneCancelReset

图 4-27   B1 摆头 +C1 卡爪（立铣）激活刀尖跟随（左）、取消刀尖跟随（右）

TURNB1ON *   TURNB1OF *
└─* *   └─* *
  └─RotaryControlPointOnOff   └─RotaryControlPointOnOff
    └─Value = 1   └─Value = 0
  └─RtcpContour   └─RtcpContour
    └─Value = 1   └─Value = 0
  └─DynamicWorkOffsets   └─DynamicWorkOffsets
    └─Value = 1   └─Value = 0
  └─UpdateRotaryOffsets   └─RotationPlaneCancelReset
```

图 4-28   B1 摆头（卧车）激活刀尖跟随（左）、取消刀尖跟随（右）

7）立式铣车复合加工中心。

数控系统：sin840d.ctl。拓扑关系及几何模型如图 4-29 所示。旋转轴结构：结构 B 摆头 +C 转台（立铣），铣削 X/Y/Z/B/C 五轴联动，激活指令 TRAORI（1）*、取消指令 TRAFOOF*，如图 4-30 所示；B 摆头（立车），立车 Z/X/B 三轴联动，激活指令 DM_TURN（1）*、取消指令 TRAFOOF*，如图 4-31 所示；B 摆头（卧车），卧车 Z/X/B 三轴联动，激活指令 DM_TURN（0）*、取消指令 TRAFOOF*，如图 4-32 所示。

参考型号：DMU210FD。

 **注意**：车削时 X 轴执行直径编程，摆头中主轴停转，镜像功能失效，坐标系绕 Z 轴旋转 90°。
```

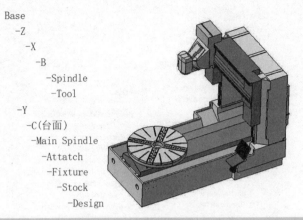

图 4-29　立式铣车复合加工中心的拓扑关系（左）、模型（右）

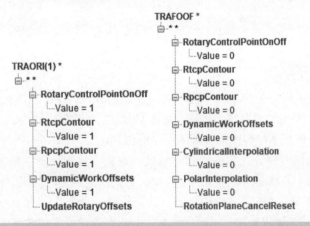

图 4-30　立铣五轴联动激活刀尖跟随（左）、取消刀尖跟随（右）

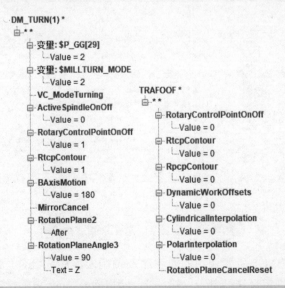

图 4-31　立车三轴联动激活刀尖跟随（左）、取消刀尖跟随（右）

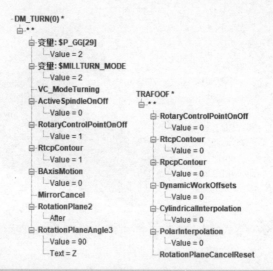

图 4-32　卧车三轴联动激活刀尖跟随（左）、取消刀尖跟随（右）

4.4.3　配置子程序

由于控制系统的不同，子程序指令也不同，如 SIEMENS 用 L P 指令，发那科用 M98 P 指令。以发那科程序中的 M98 P31234 为例，配置 VERICUT 子程序指令，能够正确调用名称为 1234 的子程序 3 次，解析 NC 程序来实现子程序的仿真。

控制器中主要包括两部分：字格式和字地址。首先，检测一下字格式中有没有 M 和 P 这两个字。可以发现，M 字被正确的定义为宏类型，数字次级类型。如果字格式列表中不存在 P，需要定义 P 的"类型"为"宏"，"次级类型"为"综合 – 数字"，"综合格式"为"*4"，其中"*"用来定义调用次数，4 用来定义子程序名称，并且名称包括 4 位数字，如图 4-33 所示。

图 4-33　控制系统定义 P 指令格式

在字地址里面配置 M98 所要调用的宏程序及调用宏程序的条件。P 代码包含两部分，在 VERICUT 里面需要分别定义这两部分，第一部分用 LoopCount 来解释调用子程序的次数，第二部分用 SubroutineName 来解释调用子程序的名称，如图 4-34 所示。

图 4-34 控制系统配置 P 指令

配置 M98 代码后面接 P 代码的宏配置,在条件区域添加 P 代码,在宏添加区域添加 Call-Sub,如图 4-35 所示。

图 4-35 控制系统配置 M98 指令关联 P 指令

4.4.4 直径编程和半径编程设置

在回转体加工仿真会遇到直径编程仿真或半径编程仿真,由于控制系统的不同,直径编程和半径编程指令也不同,如 SIEMENS 用 DIAMON 指令表示直径编程,用 DIAMOF 指令表示半径编程，我们可以通过设置程序的 X 指令字格式来解析 NC 程序，实现程序直径编程仿真或半径编程的仿真，把"乘"栏设置为"是"，"乘数"栏设置为"0.5"即为直径编程，反之不设置则为半径编程，如图 4-36 所示。

控制系统	名字	类型	次级类型	英制	英寸格式	公制	公尺格式	乘	乘数	综合格式
基础	W	有条件的	SiemensAXISCond3	小数	4.4	小数	5.3	否		
基础	WAITC	特定	注释开始							
基础	WAITM	宏	列表-数字	小数		小数		否		
基础	WAITMC	特定	注释开始							
基础	WAITS	特定	注释开始							
基础	WHEN	宏	文本字符串							
基础	WHENEVER	宏	文本字符串							
基础	WHENEVERS	宏	数字	小数		小数		否		
基础	WHENS	宏	文本字符串							
基础	WHILE	宏	数字	小数		小数		否		
基础	WRTPR	特定	注释开始							
基础	X	有条件的	AbCondEqual	小数	4.4	小数	5.3	是	0.5	
基础	XOR	逻辑	按位XOR							
基础	X_COLLET	特定	变量名字							
基础	Y	有条件的	SiemensAXISCond3	小数	4.4	小数	5.3	否		
基础	Y_COLLET	特定	变量名字							
基础	Z	有条件的	SiemensAXISCond3	小数	4.4	小数	5.3	否		
基础	Z_COLLET	特定	变量名字							

图 4-36　直径编程和半径编程设置

4.4.5　五轴加工中心的旋转属性

1. 旋转轴的旋转方向

该机床旋转轴（C轴）的旋转方向虽可自由设定，如顺时针为正向或逆时针为正向，但其定义原则上需符合 ISO 标准。即当工件装夹于工作台进行加工时，刀具随旋转轴进行旋转运动，定义旋转轴（C轴）顺时针旋转为正向。

按右手螺旋定则：工件不动，大拇指指向为 X 轴正向，四指环绕方向为 A 轴正方向；同时，工件不动，大拇指指向为 Z 轴正向，四指环绕方向为 C 轴正方向。

 注意： 配置组件栏中，勾选"反向"后，旋转轴的旋转方向会与勾选前相反，如图4-37所示。

2. 旋转轴的旋转逻辑

五轴加工中心的旋转轴遵循旋转逻辑，即相同的旋转指令若选择不同的旋转逻辑，旋转轴将执行不同的旋转动作，具体操作如下：

1）单击"机床/控制系统">"控制设定"，如图 4-38 所示。

2）在弹出的"控制设定"窗口中单击"旋转"标签，设置旋转轴旋转台型，选项为"线性"或"EIA（360绝对）"。一般按组件分别设置，例如设置 C 轴组件，必须在"C-轴旋转台型"选项下按机床实际情况进行设置，如图 4-39 所示。

图 4-37　旋转方向设置

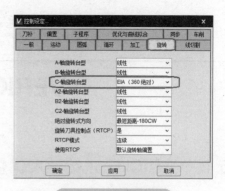

图 4-38　控制设定

图 4-39　旋转台型

 提示：右手螺旋定则，A 轴绕 X 轴旋转，B 轴绕 Y 轴旋转，C 轴绕 Z 轴旋转。

VERICUT 进给速度优化

5.1 VERICUT 进给速度优化原理

优化原理来源于实际生产。无论是手工程程，还是软件编程，其程序中设置的速度一般比较固定，可以给定一些下刀、抬刀、进给速度。但现有的 CAM 软件大都按照产品外形做等距偏移或拟合插值等方式计算刀具程序轨迹的，不是按照数控机床实际加工时刀具每个瞬时切削负载进行程序轨迹规划和进给速度进行设置，从而无法根据切削负载调整进给速度。所以我们在实际生产中，常常看到机床操作者使用机床进给倍率旋钮，来调整进给速度，操作者的目的：第一，避免切削负载过大，损坏刀具和损伤机床；第二，保证产品质量；第三，提高加工效率。

VERICUT 优化和实际生产过程是有机统一的。VERICUT 优化就是在模拟生产过程切削模型生成的基础上，根据当前所使用的刀具及程序轨迹，将任一单段直线或圆弧程序轨迹按照给定的解析距离（可以简单理解为插补步距）细分成若干小直线段，以此计算每小段程序的切削负载，再和切削参数经验值或刀具厂商推荐的刀具切削参数（这些参数保存在刀具库的优化记录中）进行比较。当计算分析发现切削负载超出我们设定的基准范围时，VERICUT 就降低进给速度；当计算分析发现切削负载小于我们设定的基准范围时，就可以提高进给速度，进而可根据优化目标或方法修改原直线段轨迹或圆弧段轨迹为多段直线，并在适当位置插入新的进给速度，最终创建更安全更高效的数控程序。

VERICUT 的优化模块，就是根据切削负载优化数控程序的进给速度，其不改变程序的原有行进轨迹。另外，当 VERICUT 发现优化前的程序中某单段程序路径较长，而且在该段轨迹内其切削负载存在较大变化时，VERICUT 可按照设定的优化参数，将原单段程序轨迹按照设定的最小分辨率细分为多段，并依据切削负载情况给每段赋予新的进给速度。此时 VERICUT 仍然不改变程序运行轨迹，这些细分为多段的程序轨迹连接起来与其原有轨迹一样，不会发生程序路径的改变。

早期版本中 VERICUT 的切削负载主要是基于单位时间切削体积进行计算和评估。单位时间切除体积 V_{ol} 的经验计算公式为

$$V_{ol}=A_{p}A_{e}tF$$

式中，A_p 为切削深度；A_e 为切削宽度；t 为单位时间；F 为刀具进给速度。

为了更精细地反映更小时间内的切除体积变化情况，单位时间更常见的计算方法是根据优化时的解析距离反算，一般不小于控制系统对应的最小插补时间（如 SIEMENS 控制系统的最小插补时间为 0.002s），而解析距离的数值一般设置为当前机床、刀具在当前进给速度下能保证零件相应加工精度要求条件下的最小插补距离，这个最小插补距离通常在生产现场经过专

业人士切削试验验证后得到。假如数控程序中允许的最小插补距离为 0.5mm，程序进给速度为 500mm/min，则该段插补距离所需运行的单位时间 t 为

$$t = \frac{0.5\text{mm}}{500\text{mm}/\text{min}} = 0.001\text{min}$$

单位时间 t 确定后，结合此时的切削速度，再根据此单位时间 t 内的平均切削深度和平均切削宽度按长方体即可计算出单位时间 t 内切除的体积。此处假设单位时间 t 内平均切削深度为 5mm，平均切削宽度为 3mm，则在这一单位时间下的切除体积 V_{ol} 为

$$V_{\text{ol}} = A_{\text{p}}A_{\text{e}}tF = 5\text{mm} \times 3\text{mm} \times 0.001\text{min} \times 500\text{mm}/\text{min} = 7.5\text{mm}^3$$

有经验的读者可能会很快发现，以切削体积来进行切削负载衡量实际上是不够准确的。上述计算式中切削宽度、切削深度和单位时间与切削速度的乘积等于该体积数值的组合可以有无数种，比如把切削深度设为 15mm，切削宽度设为 1mm，进给速度仍设为 500mm/min，单位时间为 0.01min，则单位时间内切除的体积仍然为 7.5mm³，而这两种相同切削体积但不同切削条件的切削参数在实际情况下是存在较大差异的。

一般情况下，在刀具规格、进给速度和刀具转速相同的条件下，不同切削深度和切削宽度的切削负载有着显著的不同。切削深度增加一倍，刀具切向力峰值将增大近一倍，其切除功率也将增大近一倍；而切削宽度增加一倍，刀具切向受力峰值变化不显著，也就是说刀具切向力峰值和切削深度呈线形关系，刀具切向力随着切削深度的加大而成正比增加。这也就是 VERI-CUT 后期推出基于切削力进行进给速度优化的原因之一，也使得切削力优化方法相较于切削体积切除的优化方法来说更为科学和准确。

目前在机床上流行的 ARTIS、OMATIV 等众多在数控机床内部安装的自适应控制系统，主要作用也是基于切削负载在机床上直接进行进给速度的动态调整，其基本原理与 VERICUT 类似。不同的是 VERICUT 强调在程序下发到数控机床前就基于设定的优化目标进行切削负载的均衡控制，是主动式的事前优化，不需要产生实际切削。而 ARTIS、OMATIV 等自适应控制系统是在产品实际切削过程中应用高频采集技术动态跟踪刀具切削负载，在检测到出现设定的切削负载超限阈值后快速进行进给速度调整，是事后控制，虽然其响应时间可以快到毫秒级，但仍然是被动式的事后优化。

5.2　VERICUT 进给速度优化方法

早期的 VERICUT 版本主要提供了恒定体积去除率切削优化、恒定切屑厚度和空刀方式优化，在 5.0 版本以后增加了 Force（切削力）优化方法，并在新版本中对优化方法进行了重新整合，提供了 Force、OptiPath 和空走刀三种优化方式（切削力优化方法将放到第 6 章进行专门讲解），如图 5-1 所示。但与 5.0 版本相比，只是在增强 Force 切削力优化方法功能的基础上把恒定体积去除率切削优化和恒定切屑厚度优化整合到 OptiPath 方法中了，空走刀单独列为一种优化方法，主要是便于功能模块的划分，以及为未购买 Force 授权的用户提供另一种选择。以下尽量遵循早期版本用户的习惯对各优化方式进行简要介绍。

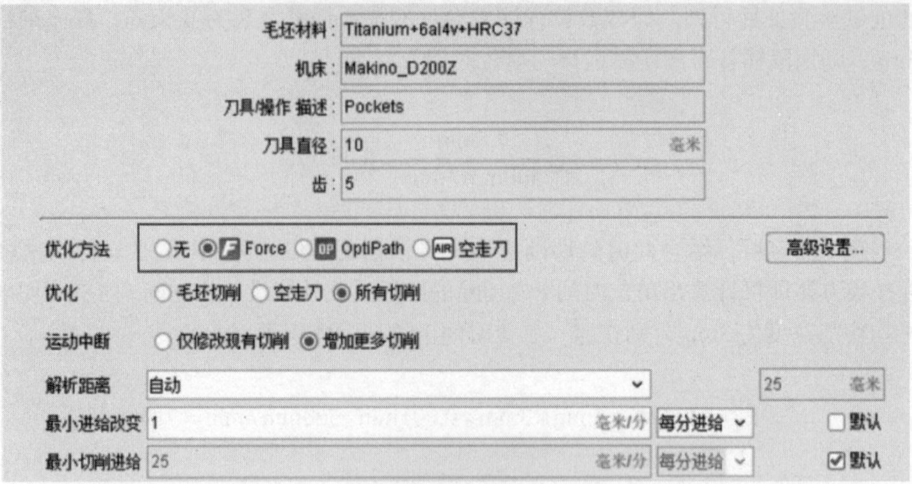

图 5-1 优化方式

5.2.1 恒定体积去除率切削方式优化（Volume Removal）

恒定体积去除率切削方式优化的基本原理就是当单位时间内，刀具去除材料体积大于设定的体积基准值时，进给速度降低；去除材料体积小于设定的体积基准值时，进给速度提高。此时切削体积基准值可根据基准切削深度、切削宽度和进给速度计算得到，对于用户来说就是基于特定机床、刀具、毛坯材料、加工方法、加工特征所对应的标准的切削参数，如图 5-2 所示。

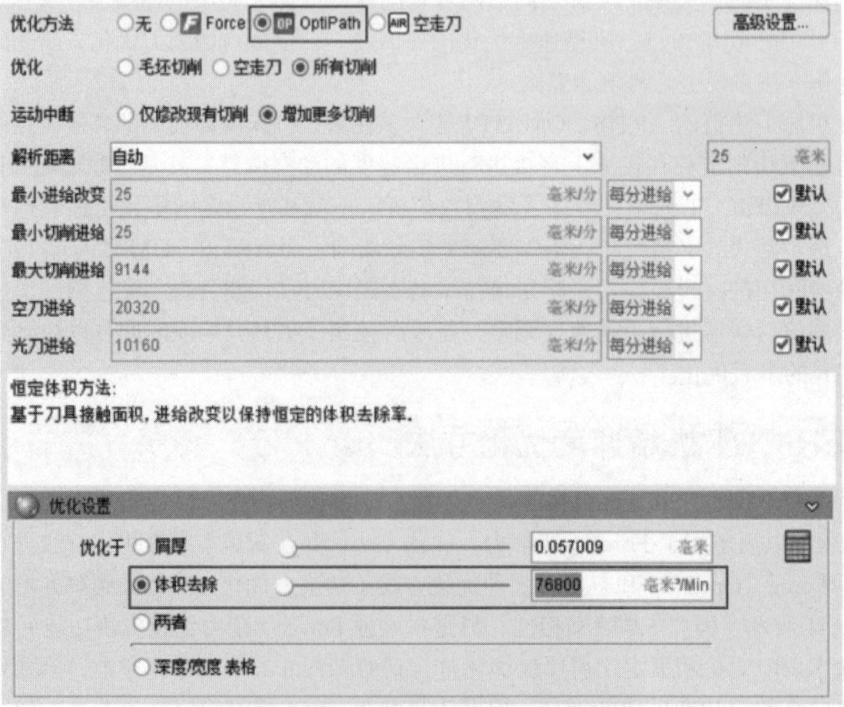

图 5-2 恒定体积去除率切削方式优化

某机床的部分标准切削参数见表 5-1，根据表中第 1 行参数，可计算每分钟刀具切削体积基准值为

$$V_{ol_1} = A_p A_e F = 8mm \times 12mm \times 800mm / min = 76800mm^3 / min$$

表 5-1 某机床的部分标准切削参数

序号	毛坯材料	机床型号	刀具类型	刀具直径/mm	伸出长度/mm	刃长/mm	刀具齿数/个	主轴转速/(r/min)	进给速度/(mm/min)	切削深度/mm	切削宽度/mm	加工方式
1	Titanium+6Al4v	GMC20ut	硬质端铣	25.4	40	30	4	1800	800	8	12	粗加工
2	Titanium+6Al4v	GMC20ut	硬质端铣	25.4	50	40	4	1800	800	6	12	粗加工
3	Titanium+6Al4v	GMC20ut	硬质端铣	25.4	40	50	4	1800	600	3	12	精加工腹板
4	Titanium+6Al4v	GMC20ut	硬质端铣	25.4	50	50	4	1800	600	2	12	精加工腹板
5	Titanium+6Al4v	GMC20ut	硬质端铣	20	40	30	4	3600	1800	10	1	精加工侧壁
6	Titanium+6Al4v	GMC20ut	硬质端铣	20	50	40	4	3600	1800	8	1	精加工侧壁
7	Titanium+6Al4v	GMC20ut	硬质端铣	20	40	30	4	3600	1800	1	10	精加工腹板
8	Titanium+6Al4v	GMC20ut	硬质端铣	20	50	40	4	3600	1500	1	10	精加工腹板

该优化模式，主要应用于材料切削余量变化比较大，特别是粗加工阶段。此种优化方式，对数控机床是一种有效的保护，不会存在大余量切削的状况，同时，对刀具寿命的提高也有很大的贡献。

5.2.2 恒定切屑厚度方式优化（Chip Thickness）

恒定切屑厚度方式优化的基本原理是在仿真切削时，通过增加或减少进给速度以保持恒定的切屑厚度。大家知道，切削过程理想状态是追求一种切削状态，即连续切削，同时一个以上刀刃参与切削，这样刀具受力是连续平稳的。实际切削过程中要尽量避免不连续的切削状态，如果处于这种状态下，刀具受力不连续（嗒嗒的切削声音），而且因为处于余量小的这种薄切削状态，对于刀具磨损很厉害，所以产品加工表面质量也不好，刀具寿命也大受影响。同时，也要避免另一个极端——过载切削状态，这种状态刀具受力太大，容易变形，产品容易损伤，我们在铣到转角时，产品经常被"啃伤"，其主要原因就是因为刀具底部余量较大，刀具受力变形，导致表面切伤，如图 5-3 所示。

这种优化方式可以较好地平衡刀具每齿切削负载，因为切屑厚度与进给速度正相关，即切

屑厚度与进给速度成正比关系，在其他切削条件一定的情况下，进给速度越大，切屑厚度越大，进给速度越小，切屑厚度越小。当切削宽度（或切削深度）大于刀具半径（或刀具底角 R），切屑厚度大于每齿进给量，大于理想的切屑厚度；相反，当切削宽度（或切削深度）小于刀具半径（或刀具底角 R），切屑厚度小于每齿进给量，小于理想的切屑厚度。通过 VERICUT 优化分析计算切削模型和切屑厚度，当大于理想的切屑厚度，降低进给速度，当小于理想的切屑厚度，提高进给速度，动态地维持切屑厚度相对恒定，切削力平稳。

该优化模式，主要应用于半精加工和精加工，可以提高产品加工效率和产品表面质量。

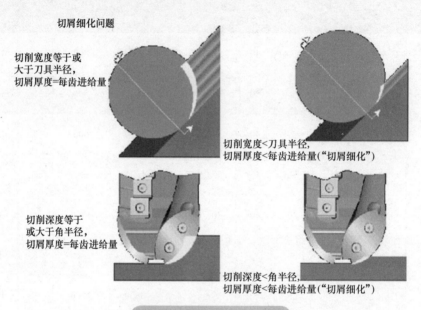

图 5-3　恒定切屑厚度原理

5.2.3　空刀方式优化（Air Cut）

空刀方式优化是基于毛坯和切削轨迹进行轨迹切削量分析，若发现未产生任何切削负载（即切削体积 $V_{ol}=0$）的刀具轨迹，则对按照优化时设定的进给速度对空刀轨迹进行分割，并对空刀轨迹的进给速度进行调整，以达到提升效率和质量的目的。

空刀时切削体积 $V_{ol}=0$，刀具并未实际切削毛坯材料，切削负载为 0，实质上刀具在空走刀，这时，刀具进给速度可以适度提高，最大可以提高到机床能承受的进给速度的最大值，具体数据可参照产品毛坯材料特性和产品变形情况酌情处理，从而大大减少加工时间，获得良好的加工效率。当刀具切削体积不为零时，计算其体积去除率 V_{ol}，若 V_{ol} 大于优化库中的体积去除率基准值 V_{ol} 时降低进给速度，反之，提高进给速度，这样维持较稳定的体积去除率，从而保证稳定的切削状况。

5.2.4　多种优化方法结合

在做半精加工和精加工时，可以同时选择恒定体积去除率切削方式优化和恒定切屑厚度方式优化，VERICUT 优化会分别按照两种优化方式优化速度，然后比较两个结果，将较小的进给速度作为最终的优化速度，插入程序中，如图 5-4 所示。

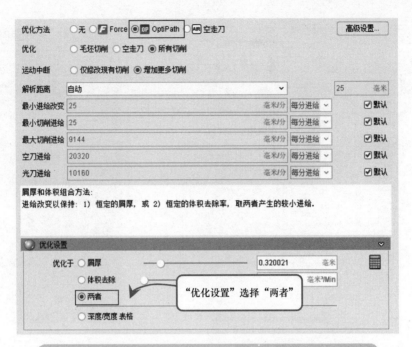

图 5-4　"恒定体积去除率切削"和"恒定切屑厚度"方式结合

5.3　VERICUT 进给速度优化流程

5.3.1　创建 VERICUT 优化库

　　VERICUT 优化库基于刀具库建立，设置对应刀具的优化参数后保存在刀具库文件中（.tls 文件）。在刀具库中每把刀具根据不同的毛坯材料、切削条件、加工机床等要素可以创建不同的优化库。用户可以根据自身的实际生产经验设置并调整优化参数，从而提高产品的加工效率和表面质量，减少机床和刀具的磨损。

　　VERICUT 创建优化库的三种典型方式如下。

　　1）通过刀具库创建方式创建优化库。在刀具库中手动为每把刀具添加优化库，设置优化库参数，如图 5-5 所示。

　　2）通过"向数控程序中学习"的方式自动为刀具库创建优化库，如图 5-6 所示。

　　3）通过"当切削时提示"的方式，在对应刀具切削仿真开始时就会弹出刀具优化设置窗口，供用户设置当前刀具的优化库参数，创建优化库，如图 5-7 所示。

> 　　**小技巧**：通常用的方式是通过"向数控程序中学习"方式创建优化库，用户可以在仿真前选择空刀优化、力优化或者 OptiPath 方式进行优化，优化的基准可以是按学习后最大切削力、功率、刀具变形的百分比来定制，如图 5-6 所示。这样，VERICUT 可以在仿真结束后帮助用户自动快速设置切削刀具对应的新优化参数库或修改优化参数，并可基于此优化库完成程序的优化，再依据工艺经验和加工数据做适度调整，即可快速迭代得到满意的优化切削参数库和产品优化效果。

　　优化库参数表中的主要参数如图 5-8 所示。

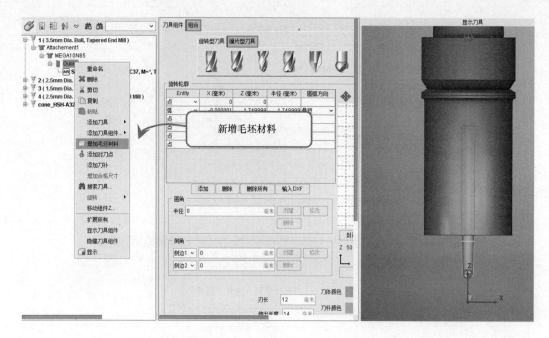

a)

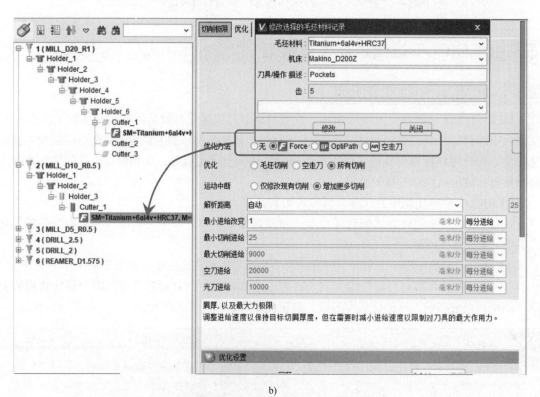

b)

图 5-5 通过刀具库创建方式创建优化库

a）手动在刀具库中增加毛坯材料　b）在毛坯材料内设置优化库参数

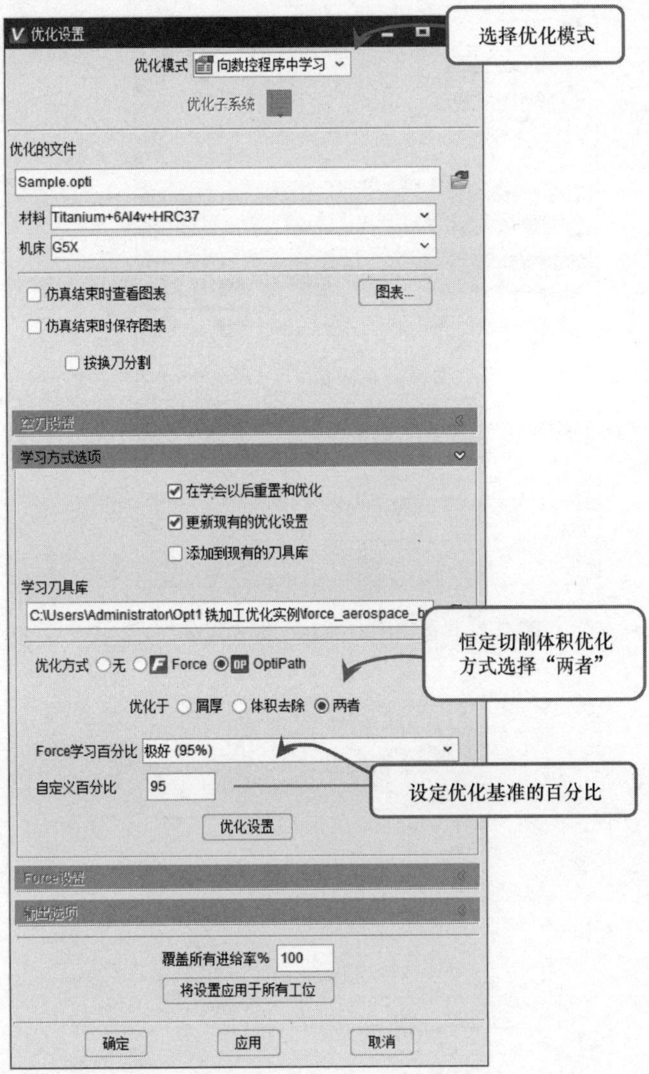

图 5-6　"向数控程序中学习"方式创建优化库

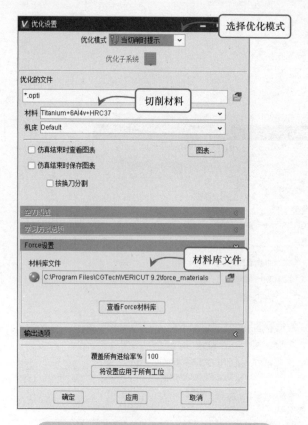

图 5-7 "当切削时提示"方式创建优化库

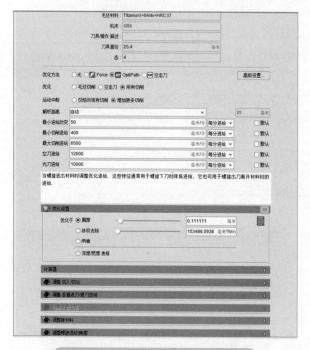

图 5-8 优化库参数表中的主要参数

5.3.2　调用优化库进行程序优化

当优化库创建后，通过以下步骤调用优化库对数控程序进行优化。

首先，在 VERICUT 系统主菜单选择"优化"＞"优化控制"，在弹出的"优化设置"对话框中设置"优化模式"，打开优化功能，如图 5-9 所示。

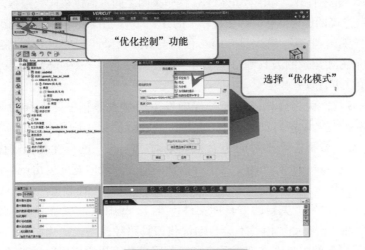

图 5-9　打开优化功能

1）"仅空走刀"（Air Cuts Only）：打开优化功能，但只是对程序中空刀的位置进行优化。

2）"优化"（Optimize）：打开优化功能，并将优化后的 NC 程序写入"优化的文件"文本框内指定的目录下，为了实现最优化，材料必须与 NC 程序中的刀具"关联"，关联方法有两种。

① 刀具库关联方法：在刀具库中将优化刀具的描述和齿数与优化设置的刀具关联，然后在"优化设置"对话框窗口中选择相对应材料和机床。

② 刀具列表关联方法：在"优化设置"对话框中选择材料和机床，然后建立一个刀具列表，将材料与数控程序中要优化的刀具相关联。

无论采用上述哪种关联方法，如果没有"切削刀具与材料"，那么 NC 程序都不会进行优化，如果同时使用这两种方法，那么刀具列表中的关联信息将覆盖那些与刀具库存储在一起的方法。

3）"力分析"（Force Analyze）：打开优化功能，并运行到加工过程中，以测量在加工中使用的力，进行了受力计算，本身是没有优化的 NC 程序生成。这使用户能够运行 Force 并查看生成的图形，以确定在刀具管理器中的 Tool Force Data 选项卡的 Feed 优化部分中使用的适当值，在优化结束时，可以查看图表，显示所使用的力和它们被优化后的数值。

4）"当切削时提示"（Prompt While Cutting）：打开优化功能，并在每次刀具更改时通过显示"优化设置"窗口交互式地提示优化数据。使用"优化设置"窗口功能输入数据，以优化当前刀具执行的切削。完成后，VERICUT 自动将信息存储在 Tool Library 文件中，并设置刀具属性以指向新的 Stock Material 记录，VERICUT 重新启动仿真，打开优化，并使用此信息将优化的 NC 程序写入指定的优化文件内，直到遇到下一个刀具更改指令。

5）"向数控程序中学习"（Learn from NC Program）：打开优化功能，当"追加到现有刀具库文件"未被选中时，则自动为"当前"项目创建一个新的刀具库文件，新的刀具库文件是在

"学习方式选项"标签页中"学习刀具库"栏指定的文件中创建的（见图 5-6），在刀具库文件中创建的库存材料（SM 记录）可以使用优化窗口中的功能手动微调，然后用于优化数控程序。

"向数控程序中学习"功能可以在切削加工过程中随时开启或关闭，"向数控程序中学习"功能被打开后，它就会创建一个刀具库文件，该文件包含优化设置，这些设置仅作用于切削条件发生的时间开始、NC 程序打开、切削停止和 NC 程序关闭之间。通过"向数控程序中学习"，为每一把刀具获得完整准确的优化信息，切削过程中的开 / 关可以用来分析特定切削组的切削条件。

当"向数控程序中学习"模式打开时，任何与 SM 记录匹配的刀具都将被跳过，而不是"学习"，任何没有 SM 记录的刀具都是"学习"的，并创建一个新的 SM 记录，旧记录和新记录合并到一个新的 OP 库文件中。

对于每一种刀具，优化会找出切削过程中发生的最大体积去除率和切屑厚度，并将它们用于相应的刀具优化设置，如果对"OptiPath"进行优化，则优化模式设置为每把刀具的"切屑厚度"和"体积去除率"的组合；如果对"Force"进行优化，则优化模式设置为"Force""Power"和"tool Deflection"的组合，轴向深度和径向宽度值由产生最大体积去除率的切口决定，默认值用于其他设置，除非使用"学习方式选项"标签页明确更改了默认值。

此功能只自动创建一个更新的刀具库文件（.tls），其中包含与新创建的库存材料相关的"OP Description"和"# Teeth"值，不会自动优化刀具路径或生成优化文件。一旦"向数控程序中学习"创建了更新的刀具库文件，系统会提示用户是否想要使用新创建的刀具库文件优化 NC 程序。

①"仿真结束时查看图表"：当在"优化设置"对话框勾选该选项时，在应用了优化控制并运行模拟之后打开图表窗口，此功能可用于除"仅空走刀"以外的所有优化模式，如图 5-10 所示。

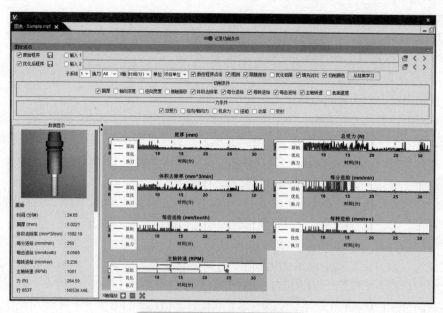

图 5-10　仿真结束时查看图表

②"仿真结束时保存图表"：当在"优化设置"对话框勾选该选项时，在模拟结束时保存参数图形，此功能可用于除"仅空走刀"以外的所有优化模式。

③ "按换刀分割"：当在"优化设置"对话框勾选该选项时，VERICUT 将为每个分析或优化的刀具保存单独的 CSV 文件，此功能可用于除"仅空走刀"以外的所有优化模式。

然后，在"优化设置"对话框中单击"确定"按钮。

5.3.3　优化前与优化后程序比较

当数控程序优化后，VERICUT 可以将优化前的程序文件与优化后的程序文件进行比较，查看两个文件之间的变化的内容，如图 5-11 所示，左侧为原程序，右侧为优化后的程序。由于原程序中的长切削步可能存在余量不均匀的情况，VERICUT 会将长切削步打断成短切削步，计算每个切削步的进给值并添加到程序当中，所以优化后程序的程序段会增加，但是程序轨迹不会改变。

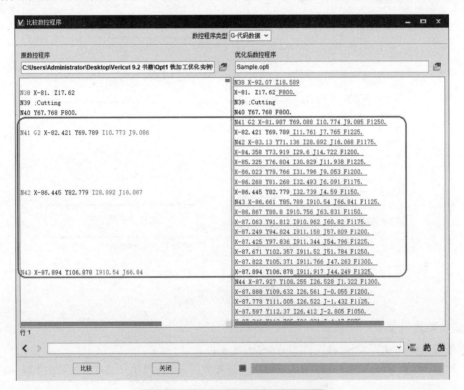

图 5-11　"比较数控程序"对话框

5.4　VERICUT 进给速度优化铣削应用案例

> 提示：本章 VERICUT 样例文件和影音文件可通过扫描本书前言中的二维码获取并下载到本地指定位置。

1. 打开项目文件

1）运行 VERICUT 应用程序。

2）选择"文件">"打开"菜单命令或在工具栏单击"打开项目"，系统弹出"打开项目..."对话框。

3）在对话框右下侧"快捷路径"下拉列表中选择"工作目录"（仿真项目存放路径）。

4）选择项目文件"force_aerospace_bracket_generic_5ax_Siemens840D_mm.vcproject"，如图 5-12 所示。

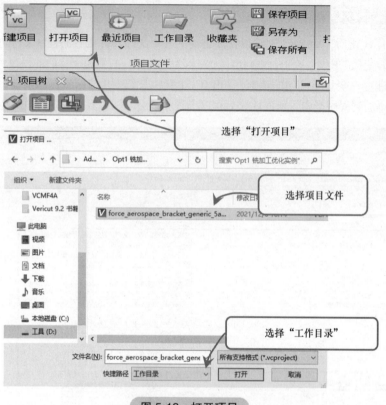

图 5-12　打开项目

2. 添加毛坯模型

1）在项目树中选择"Stock"组件 Stock (0, 0, 0)。

2）如图 5-13 所示，右击项目树中的"Stock(0,0,0)"，选择菜单命令"添加模型">"模型文件"，系统弹出"打开 ..."对话框。

3）在"打开 ..."对话框右下侧"快捷路径"下拉列表中选择"工作目录"。

4）选择模型文件"Sample_Stock.stl"

5）单击"确定"按钮，如图 5-14 所示。

3. 添加刀具库

1）在项目树中选择"加工刀具" 加工刀具，双击打开"刀具管理器"窗口，如图 5-15 所示。

2）在"配置刀具"对话框中，单击"刀具库文件"打开按钮 ，系统弹出"打开 ..."对话框。

3）在"打开 ..."对话框右下侧"快捷路径"下拉列表中选择"练习"。

4）选择刀具库文件"force_aerospace_bracket_generic_5ax_Siemens840D_mm_opt.tls"。

5）单击"打开"按钮。

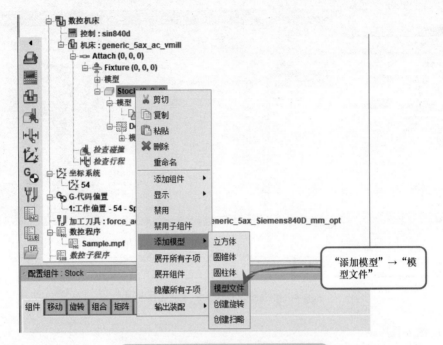

图 5-13　"配置组件：Stock"对话框

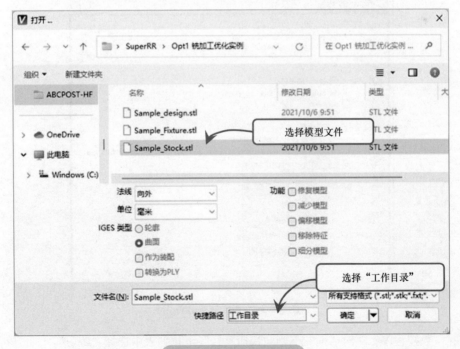

图 5-14　添加毛坯模型

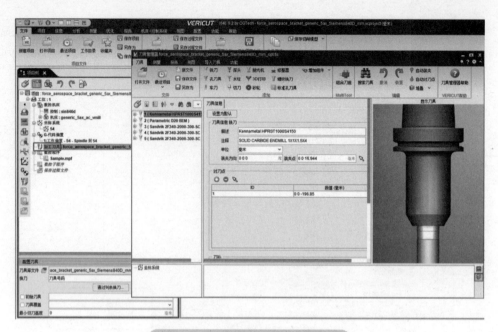

图 5-15 打开"刀具管理器"窗口

4.添加数控程序

1)在项目树中选择"数控程序" 数控程序，右击选择命令"添加数控程序"，如图 5-16 所示，系统弹出"数控程序 ..."对话框。

图 5-16 "添加数控程序"

2)在"数控程序 ..."对话框右下侧"快捷路径"下拉列表中选择"练习"。

3)选择数控程序文件"Sample.mpf"，单击"确定"按钮，将程序添加到"当前的数控程序"中。

注意： 可以在过滤器中输入"*.mpf"快速查找程序文件。

4）单击"确定"按钮。

5. 添加坐标系

1）在项目树中选择"坐标系统" <u>坐标系统</u>。

2）在"配置坐标系统"对话框中，选择"新建坐标系"，如图 5-17 所示。

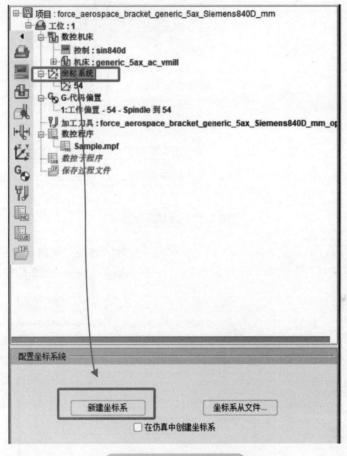

图 5-17 "新建坐标系"

3）在项目树"坐标系统"子目录中右击"Csys1"选择"重命名"。

4）重命名"Csys1"为"54"。

5）在项目树中选中"54"，在左下角"配置坐标系统：54"对话框中，单击"位置"文本框后面的箭头图标 。

6）在视图窗口中单击毛坯的右上角，坐标系就会跟随到右上角，坐标系的位置根据实际加工工艺来设定，本操作纯属说明，如图 5-18 所示。

6. 设置对刀方式

1）在项目树中选择"G-代码偏置" G-代码偏置。

2）在左下角"工作偏置"中，"偏置"下拉列表选择"工作偏置"，"寄存器"选择"54"。

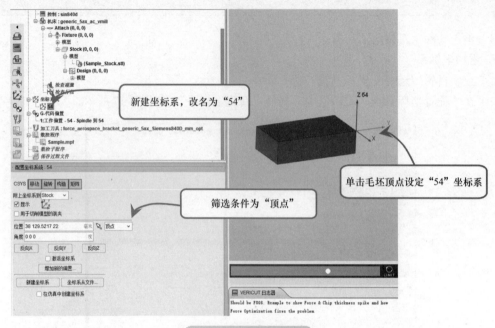

图 5-18 添加坐标系

3）勾选"选择从/到定位"命令，"从"栏对应"特征"选择"组件"，"名字"选择"Spindle"，"到"栏对应"特征"选择"坐标原点"，"名字"选择"54"，如图 5-19 所示。

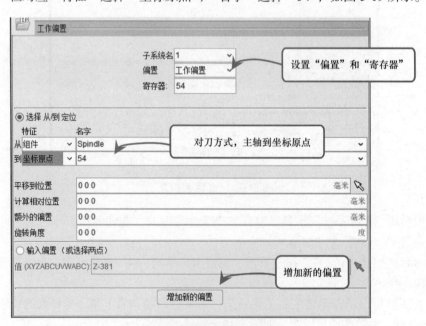

图 5-19 设置对刀方式

4）单击"增加新的偏置"按钮。

7. 激活"向数控程序中学习"优化模式，从数控程序中提取切削参数

1）选择"优化">"优化控制"菜单命令，弹出"优化设置"对话框。

2）"优化的文件"文本框：输入优化后的数控程序名，如"Sample.opti"，浏览保存路径。

3）在"优化模式"下拉列表中选择"向数控程序中学习"。

4）"材料"下拉列表：Titanium+6Al4v+HRC37。

5）"机床"下拉列表：G5X，如图 5-20 所示。

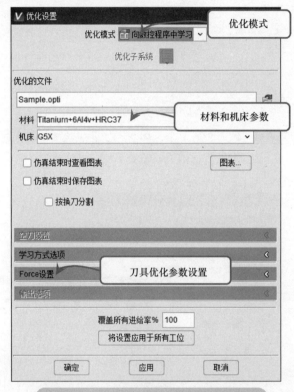

图 5-20 "向数控程序中学习"优化模式

6）"学习方式选项"标签页（见图 5-21）中，"学习刀具库"栏中输入"force_aerospace_bracket_generic_5ax_Siemens840D_mm_opt.tls"，浏览保存路径，新建一个带优化库的刀具库文件，或者勾选"添加到现有的刀具库"，这样创建的优化库会被添加到现有的刀具库中。

7）在"Force 设置"标签页的"材料库文件"文本框右侧，单击 按钮（见图 5-22），打开文件选择窗口，在"快捷路径"栏选择"Force 材料"，单击"确定"按钮。

8）根据机床、刀具、加工材料参数设置参数："最小进给改变"设为"50 毫米 / 分"；"最小切削进给"设为"400 毫米 / 分"；"最大切削进给"设为"6500 毫米 / 分"；"空刀进给"设为"12000 毫米 / 分"；"光刀进给"设为"10000 毫米 / 分"，如图 5-23 所示。

9）单击"确定"按钮。

当"向数控程序中学习"优化模式被激活时，优化状态指示灯（OPTI）显示黄色，如图 5-24 所示。

通过"向数控程序中学习"优化模式创建的优化库中的参数是数控程序中的刀具最大切削负载位置的参数。

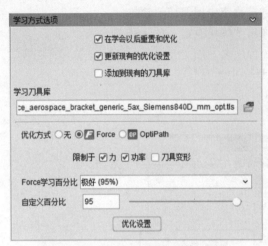

图 5-21 "学习方式选项"标签页

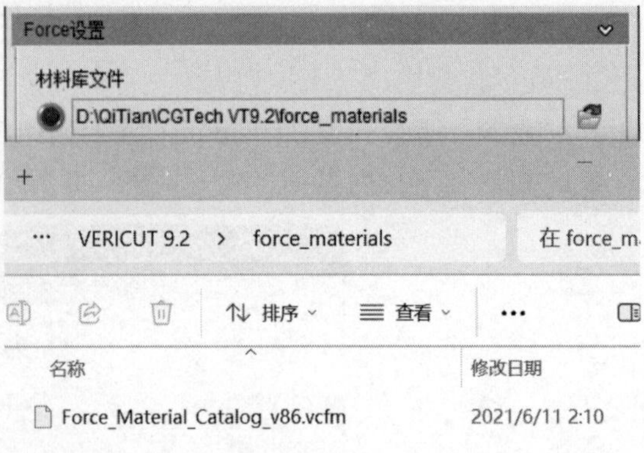

图 5-22 "Force 设置"标签页内的"材料库文件"

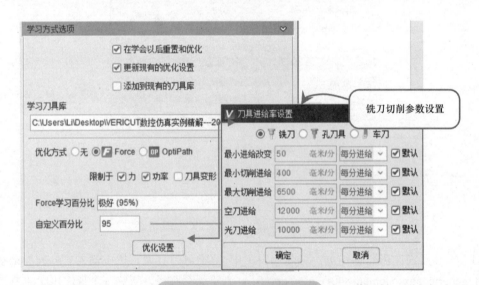

图 5-23 优化基础参数设置

图 5-24 "向数控程序中学习"优化模式激活,指示灯显示黄色

8. 用优化功能优化数控程序

1)在菜单栏选择"优化">"优化控制"菜单命令,弹出"优化设置"对话框。

2)在"优化模式"下拉列表中选择"当切削时提示"。

3)单击"确定"按钮,VERICUT 日志如图 5-25 所示。

当激活优化方式时,"VERICUT 日志器"信息栏中显示"打开优化"。

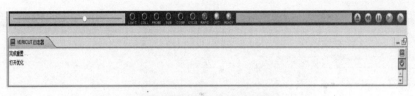

图 5-25　VERICUT 日志

9. 切削时通过"状态"信息栏监测优化参数

1）选择"信息">"状态"菜单命令（见图 5-26），系统弹出"状态：1"信息栏。

图 5-26　打开切削"状态"方式

2）单击信息栏左上角"配置"按钮，只勾选"时间 & 距离""优化"，其他不需要的选项可以取消勾选，如图 5-27 所示。

a)　　　　　　　　　　　　　　　　　b)

图 5-27　"状态"信息栏

a）选择显示信息　b）最终显示状态

3）单击 VERICUT 软件用户界面右下侧的"仿真到末尾"按钮，如图 5-28 所示。

4）仿真优化开启并切削完毕后，可在"优化"项内展开"节省计算器"，此计算器会显示此次优化切削过程中各项的提升数据，"优化节省计算器"如图 5-29 所示。

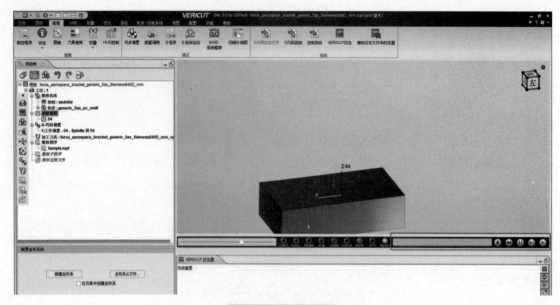

图 5-28　仿真按钮

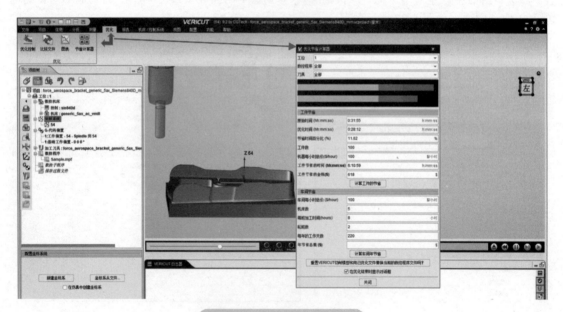

图 5-29　"优化节省计算器"

10. 针对硬材料加工调整优化参数并添加到优化库

1）在项目树中，双击"加工刀具" 加工刀具，打开"刀具管理器"窗口。

2）在"刀具管理器"窗口中选中要优化的刀具，右击选择命令"扩展所有"，如图 5-30 所示。

3）选中 1 刀具内的"Cutter"切削刃列，右击选择命令"增加毛坯材料"，如图 5-31 所示。

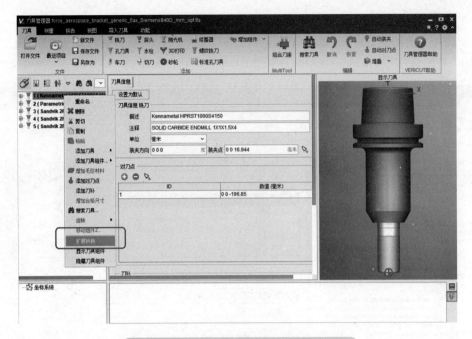

图 5-30　刀具优化——"扩展所有"功能

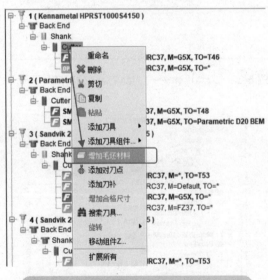

图 5-31　刀具优化——"增加毛坯材料"

4）"毛坯材料"：Titanium+6Al4v+HRC37（见图 5-32）。

5）"机床"：G5X。

6）"刀具 / 操作 描述"：输入刀具信息。

7）"齿"：输入刀具刃数 "4"。

8）"优化设置" 标签页："优化于" 栏勾选 "屑厚"，将 "屑厚" 改为 "0.1 毫米"。

9）选中项目树中新建的优化列，右击选择命令 "激活"，**OP** 图标点亮时，代表优化刀具库被启用，如图 5-33 所示。

10）单击"关闭"。

11）同理，选择 2 刀具下"增加毛坯材料"。

12）"毛坯材料"：Titanium+6Al4v+HRC37。

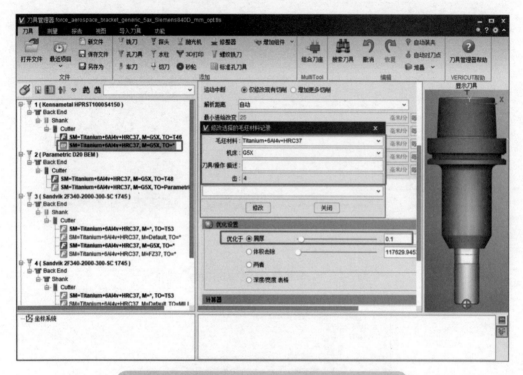

图 5-32　刀具优化——"修改选择的毛坯材料记录"

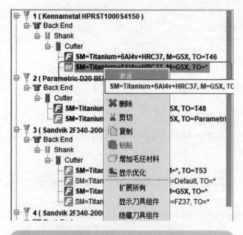

图 5-33　刀具优化——启用优化刀具库

13）"机床"：G5X。

14）"刀具 / 操作 描述"：输入刀具信息。

15）"齿"：输入刀具刃数"4"。

16）"优化设置"标签页：勾选"屑厚"，将"屑厚"改为"0.05 毫米"。

17）当项目树中对应的 **OP** 图标点亮时，代表优化刀具库被启用。

18）单击"关闭"。

19）同理，选择 3 刀具下"增加毛坯材料"。

20）"毛坯材料"：Titanium+6Al4v+HRC37。

21）"机床"：G5X。

22）"刀具 / 操作 描述"：输入刀具信息。

23）"齿"：输入刀具刃数"4"。

24）"优化设置"标签页：勾选"屑厚"，将"屑厚"改为"0.08 毫米"。

25）当项目树中对应的 **OP** 图标点亮时，代表优化刀具库被启用。

26）单击"关闭"。

11. 将带有新的优化库参数的刀具库保存

1）在"刀具管理器"中，选择"保存文件"菜单命令 **💾 保存文件**，保存当前刀具库。

2）在"刀具管理器"中，单击右上角"关闭" **❎**，关闭当前刀具库。

12. 用硬材料优化库参数优化数控程序

1）选择"优化" > "优化控制"菜单命令，系统弹出"优化设置"对话框。

2）在"优化模式"下拉列表中选择"优化"。

3）"材料"：Titanium+6Al4v+HRC37，如图 5-34 所示。

图 5-34　打开优化功能

4）单击"确定"。

5）在项目树中，双击"加工刀具" **🔧 加工刀具**。

6）在"刀具管理器"窗口中右击相应刀具选择命令"扩展所有"，如图 5-30 所示。"刀具管理器"新增优化项如图 5-35 所示。

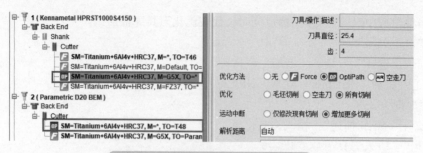

图 5-35 "刀具管理器"新增优化项

7）关闭"刀具管理器"窗口。

13. 切削时通过"状态"信息栏监测优化参数

1）选择"信息">"状态"菜单命令，系统弹出"状态：1"信息栏，如图 5-36 所示。

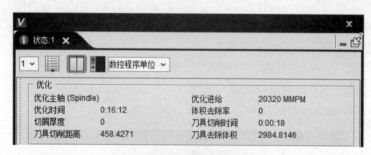

图 5-36 优化状态信息

2）单击"仿真到末尾"按钮 ⬤。

3）选择"信息">"VERICUT 日志"菜单命令，系统弹出"VERICUT 日志"对话框。

4）将滚动条拖拽到"刀具摘要"信息段，如图 5-37 所示。

图 5-37 刀具摘要

5）关闭"日志文件"。

14. 退出 VERICUT

1）选择"文件">"退出"菜单命令。

2）单击"忽略所有修改"。

第6章

VERICUT-Force 切削力优化

6.1 VERICUT-Force 切削力优化原理

VERICUT-Force 切削力优化方式就是在仿真过程得到准确的切削深度、切削宽度和合适的解析距离（切削步距或分辨率）时，基于机床特性、毛坯材料特性、刀具材料特性、刀具螺旋角、刀具前角、刀具伸出长度（即刀具装上刀柄后刀柄底部与刀尖之间的工作长度）等参数仿真分析得到切削力、切削功率、刀尖变形量，优化时可根据不同优化目标选择恒切削力、恒功率或适度的刀尖变形量来进行进度速度优化。

Force 切削力优化功能打开方式：在 VERICUT 主菜单选择"优化" > "优化控制"，打开"优化设置"对话框，"优化模式"下拉列表中选择"向数控程序中学习"，打开优化功能，具体步骤可参考图 5-9。

从图 6-1 可以看出，切削力方式优化是在恒定体积去除率切削和恒定切屑厚度方式优化的进一步提升，是涵盖了众多物理量的切削力优化，相较于前两种方式来说更可靠和准确，可用于粗加工、半精加工和精加工等多种工况条件。

优化方法	○无 ⦿ F Force ○ OP OptiPath ○ AIR 空走刀			高级设置...
优化	⦿ 毛坯切削 ○ 空走刀 ○ 所有切削			
运动中断	○ 仅修改现有切削 ⦿ 增加更多切削			
解析距离	自动		25	毫米
最小进给改变	25	毫米/分	每分进给 ∨	☑默认
最小切削进给	25	毫米/分	每分进给 ∨	☑默认
最大切削进给	9144	毫米/分	每分进给 ∨	☑默认
空刀进给	20320	毫米/分	每分进给 ∨	☑默认
光刀进给	10160	毫米/分	每分进给 ∨	☑默认

屑厚，力，功率以及刀具变形：
调整进给速度以保持目标切屑厚度，但在需要限制刀具上的最大力或最大切削功率或最大刀具变形的情况下减小进给速度，以需要较低进给速度的为准。

优化设置			∨
屑厚		0.320021	毫米
力	○ 忽略 ⦿ 极限 ○ 警告	1626.3853	牛顿
功率	○ 忽略 ⦿ 极限 ○ 警告	4.2428	千瓦
刀具变形	○ 忽略 ⦿ 极限 ○ 警告	0.02	毫米
力材料文件	n Files\CGTech\VERICUT 9.2\force_materials\Force_Material_Catalog_v86.vcfm		

图 6-1 VERICUT-Force 切削力对话框

另外，VERICUT 本身提供了工程应用中常见的毛坯材料库（见图 6-2）和刀具材料库（见图 6-3），包含碳钢、不锈钢、铸铁、非金属材料、耐热高温合金、硬质合金等材料库，也包含硬质合金、钴合金、烤瓷、高速钢等常见的刀具材料库，并支持直刃、波浪刃和锯齿刃等刀具的力学仿真。

毛坯材料名称	刀具材料	刀刃形状	ISO字母	ISO子组
Alloy-Steel+300M+HRC30	Carbide	Serrated	P	3
Alloy-Steel+300M+HRC30	Carbide	Straight	P	3
Alloy-Steel+4142+HRC30	Carbide	Serrated	P	3
Alloy-Steel+4142+HRC30	Carbide	Straight	P	3
Alloy-Steel+516-Grade70+HRC17	Carbide	Straight	P	1
Aluminium+2027+T351+HB120	Carbide	Straight	N	2
Aluminium+6082+T651+HB95	Carbide	Straight	N	1
Aluminum+2014+HB125	Carbide	Serrated	N	2
Aluminum+2014+HB125	Carbide	Straight	N	2
Aluminum+2024+HRB79	Carbide	Straight	N	2
Aluminum+2124+HRB79	Carbide	Serrated	N	2
Aluminum+2124+HRB79	Carbide	Straight	N	2
Aluminum+2618+HRB79	Carbide	Straight	N	2
Aluminum+5083+HRB53	Carbide	Straight	N	1
Aluminum+6061-T6+HB95	Carbide	Serrated	N	2
Aluminum+6061-T6+HB95	Carbide	Straight	N	2
Aluminum+7050+HRB53	Carbide	Straight	N	1
Aluminum+7055+HRB77	Carbide	Straight	N	1
Aluminum+7075+HB150	Carbide	Serrated	N	2
Aluminum+7075+HB150	Carbide	Straight	N	2

ISO组：P M K N S H O　过滤器

图 6-2　VERICUT 毛坯材料库

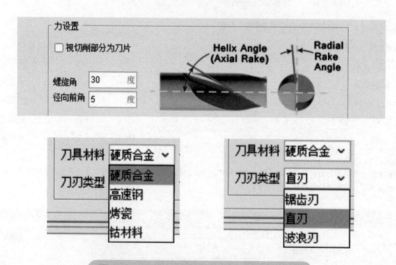

图 6-3　VERICUT-Force 的刀具材料库

注意： 由于切削的特殊性，VERICUT 暂不支持攻螺纹、激光水切割、制孔、线切割、探头等类型的力学仿真优化。

6.2　VERICUT-Force 切削力优化流程

6.2.1　创建 VERICUT 优化库

VERICUT 创建优化库的三种典型方式如下。

1）通过刀具库创建方式创建优化库。在刀具库中手动为每把刀具添加优化库，设置优化库参数。

2）通过"向数控程序中学习"的方式自动为刀具库创建优化库。

3）通过"当切削时提示"的方式，在对应刀具切削仿真开始时就会弹出刀具优化设置窗口，供用户设置当前刀具的优化库参数，创建优化库。

6.2.2　调用优化库进行程序优化

当优化库创建后，通过以下步骤调用优化库对数控程序进行优化。

1）在 VERICUT 系统主菜单选择"优化"→"优化控制"，弹出"优化设置"对话框的"优化模式"下拉列表中选择"力分析"，打开优化功能，如图 6-4 所示。

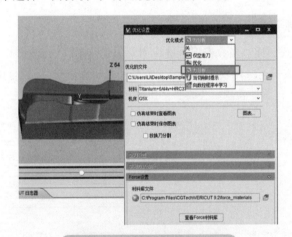

图 6-4　VERICUT-Force 优化

2）"优化的文件"：设定优化后文件的保存路径。

3）"材料"：选择待切削产品的材料。

4）"机床"：选择加工的机床。

5）"仿真结束时查看图表"：当勾选该选项时，在应用了优化控制并运行模拟之后打开图形窗口，此功能可用于除"仅空走刀"以外的所有模式，如图 6-5 所示。

6）"仿真结束时保存图表"：当勾选该选项时，在模拟结束时保存参数图形，此功能可用于除"仅空走刀"以外的所有模式。

7）"按换刀分割"：当勾选该选项时，VERICUT 将为每个分析或优化的刀具保存单独的 CSV 文件，此功能可用于除"仅空走刀"以外的所有模式。

8）"覆盖所有进给率"：将 VERICUT 通过优化库参数计算出来的进给值乘以这个比例后添加到优化后的程序当中。

9）单击"确定"。

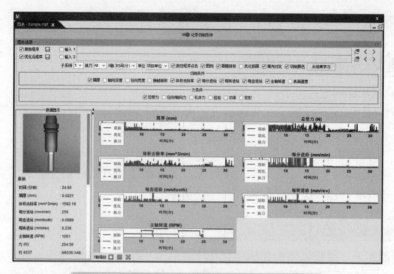

图 6-5 VERICUT-Force 仿真结束时查看图表

6.2.3 优化前与优化后程序比较

与进给速度优化方式一样，当数控程序进行切削力优化后，VERICUT 同样可以将优化前的程序文件与优化后的程序文件进行比较，以查看两个文件之间优化前后的不同之处。同样地，优化后的程序，程序段会增加，但程序轨迹不会改变，如图 6-6 所示。

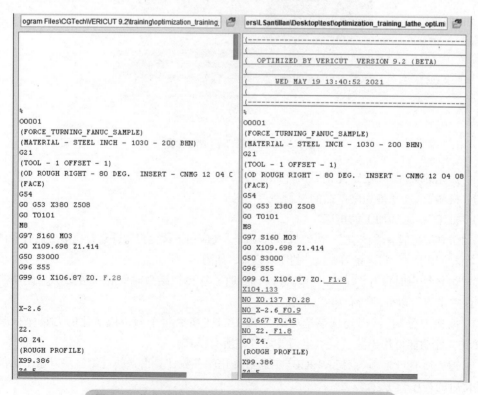

图 6-6 优化前的程序文件与优化后的程序文件进行比较

6.3 VERICUT-Force 切削力优化案例

> 提示：本章 VERICUT 样例文件和影音文件可通过扫描本书前言中的二维码获取并下载到本地指定位置。

6.3.1 VERICUT-Force 车加工切削力优化案例

1. 运行 VERICUT 应用程序，打开项目文件

1）选择"文件">"打开"菜单命令或在工具栏单击"打开项目"图标，系统弹出"打开项目 ..."对话框，如图 6-7 所示。

2）在对话框右下侧"快捷路径"下拉列表中选择"案例"。

3）选择项目文件"force_turning_generic_2_axis_lathe_turret_fan15t_mm.vcproject"。

图 6-7 "打开项目 ..."对话框

2. 添加毛坯模型

1）在项目树中选择"Stock"组件 Stock (0, 0, 0)。

2）在"配置组件：Stock"对话框中，选择"添加模型">"圆柱体"，单击新建的圆柱体，在左下角配置模型中设置毛坯的半径、高度分别是 51.185 和 150（单位为 mm）。

3）在"配置组件：Design"对话框中，选择"添加模型" > "模型文件"，在对话框右下侧"快捷路径"下拉列表中选择"案例"。

4）在"Support_files"文件夹中选择模型文件"force_turning_sample_dsn_1.stl"。

3. 添加刀具库

1）在项目树中双击"加工刀具" 加工刀具，打开"刀具管理器"窗口。

2）在"刀具管理器"窗口中，选择"刀具"，单击打开文件按钮，系统弹出"打开 ..."对话框。

3）在对话框右下侧"快捷路径"下拉列表中选择"案例"。

4）在"TLS"文件夹中选择刀具库文件"force_turning_sample.tls"。

5）单击"打开"按钮，如图 6-8 所示。

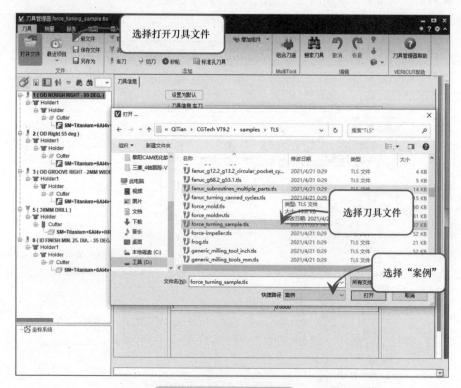

图 6-8　添加刀具库文件

4. 添加数控程序

1）在项目树中选择"数控程序" 数控程序，右击后选择"添加数控程序"，系统弹出"数控程序 ..."对话框。

2）在"数控程序 ..."对话框右下侧"快捷路径"下拉列表中选择"案例"。

3）在"Support_files"文件夹中选择数控程序文件"force_turning_fanuc_sample.nc"，单击"确定"按钮，将程序添加到"当前的数控程序"中，可以在过滤器中输入"*.nc"快速查找程序文件。

4）单击"确定"按钮。

5. 添加坐标系

1）在项目树中选择"坐标系统" 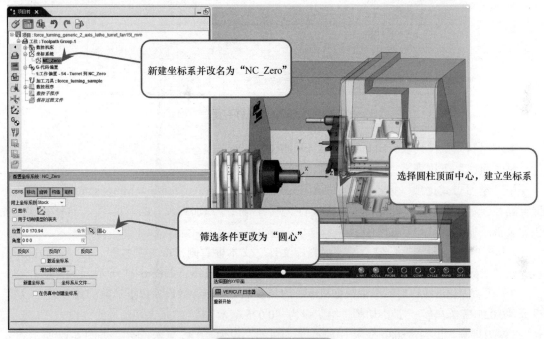坐标系统 。

2）在"配置坐标系统"对话框中，选择"新建坐标系"。

3）在项目树"坐标系统"子目录中右击"Csys1"选择"重命名"，重命名"Csys1"为"NC_Zero"。

4）在项目树中选中"NC_Zero"，在左下角"配置坐标系统：NC_Zero"中，单击"位置"文本框后面的箭头图标 ，筛选条件更改为"圆心"。

5）在视图窗口中单击毛坯的顶面，坐标系就会跟随到圆柱顶面中心，如图6-9所示，坐标系的位置根据实际加工工艺来设定。

图6-9　添加坐标系

6. 设置对刀方式

1）在项目树中选择"G-代码偏置" G-代码偏置。

2）在左下角"配置 工作偏置"中，"偏置"下拉列表选择"工作偏置"，"寄存器"选择"54"。

3）勾选"选择从/到定位"命令，"从"栏对应"特征"选择"组件"，"名字"选择"Turret"，"到"栏对应"特征"选择"坐标原点"，"名字"选择"NC_Zero"，如图6-10所示。

4）单击"增加新的偏执"按钮。

7. 激活"向数控程序中学习"优化方式，从数控程序中提取切削参数

1）选择"优化">"优化控制"菜单命令，弹出"优化设置"对话框。

2）"优化的文件"文本框：输入优化后的数控程序名，如"force_turning_fanuc_sample.opti"，浏览保存路径。

3）在"优化模式"下拉列表中选择"向数控程序中学习"。

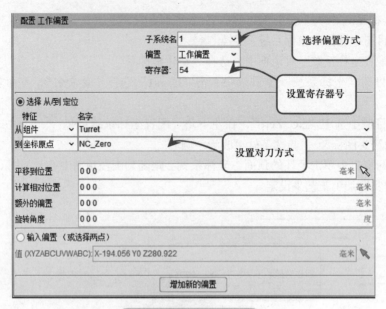

图 6-10　设置对刀方式

4）"材料"下拉列表：Titanium+6Al4v+HRC37。

5）"机床"下拉列表：2-axis Lathe。

6）"学习方式选项"标签页中，"学习刀具库"栏中输入"force_turning_sample.tls"，浏览保存路径，新建一个带优化库的刀具库文件，或者勾选"添加到现有的刀具库"，这样新建的优化库会被添加到现有的刀具库中。

7）在"Force 设置"标签页的"材料库文件"文本框右侧，单击 按钮，打开文件选择窗口，在"快捷路径"栏选择"Force 材料"，单击"确定"按钮，如图 6-11 所示。

8）在"优化设置"对话框中根据机床、刀具、加工材料参数设置以下参数："最小进给改变"设为"0.025 毫米 / 转"；"最小切削进给"设为"0.025 毫米 / 转"；"最大切削进给"设为"1 毫米 / 转"；"空刀进给"设为"5080 毫米 / 分"；"光刀进给"设为"0.45 毫米 / 转"，如图 6-12 所示。

9）单击"确定"按钮。

通过"向数控程序中学习"优化模式创建的优化库中的参数是数控程序中的刀具最大切削负载位置的参数。

8. 用优化功能优化数控程序

1）在菜单栏选择"优化" > "优化控制"菜单命令，弹出"优化设置"对话框。

2）在"优化模式"下拉列表中选择"优化"。

3）单击"确定"按钮。

当激活优化方式时，优化状态指示灯（OPTI）显示黄色，"VERICUT 日志器"信息栏中显示"打开优化"，如图 6-13 所示。

9. 切削时通过"状态"信息栏监测优化参数

1）选择"信息" > "状态"菜单命令，系统弹出"状态"对话框。

2）单击对话框左上角"配置"按钮 ，只勾选"时间 & 距离""优化"，其他不需要的选项可以取消勾选。

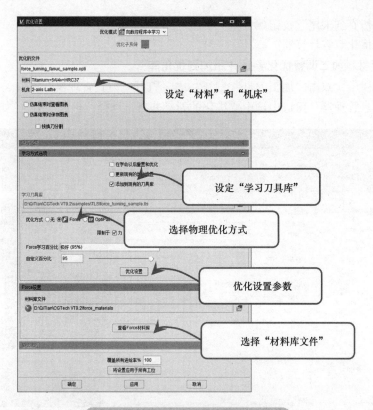

图 6-11 "向数控程序中学习"方式

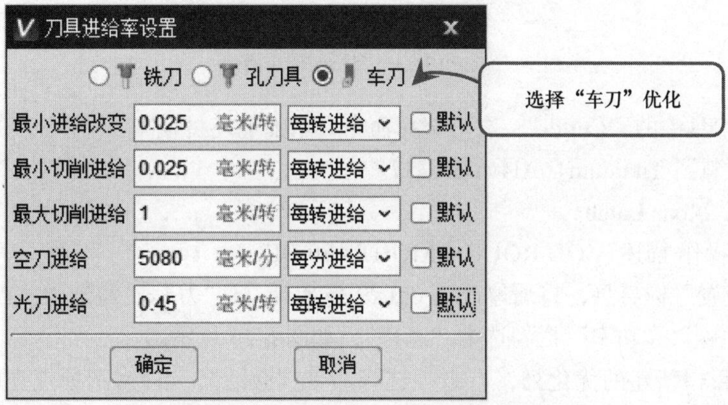

图 6-12 刀具库优化基础参数设置

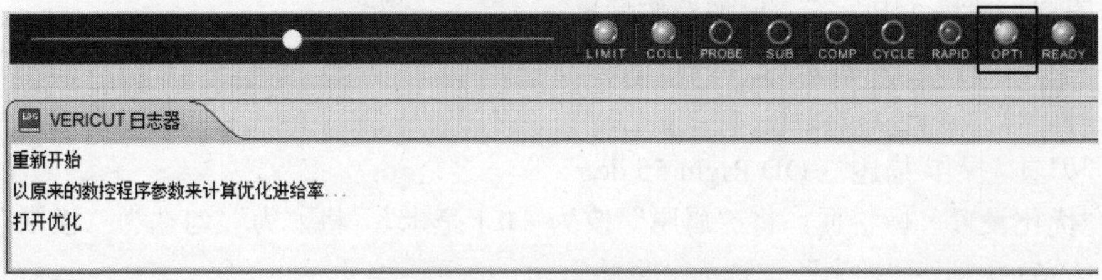

图 6-13 优化功能开启

3）单击"仿真到末尾"按钮 ◉。

4）关闭"优化节省计算器"。

10. 针对硬材料加工调整优化参数并添加到优化库

1）在项目树中，双击"加工刀具" 🔧 加工刀具，打开"刀具管理器"窗口。

2）在"刀具管理器"窗口中选中要优化的刀具并右击选择"扩展所有"，如图 6-14 所示。

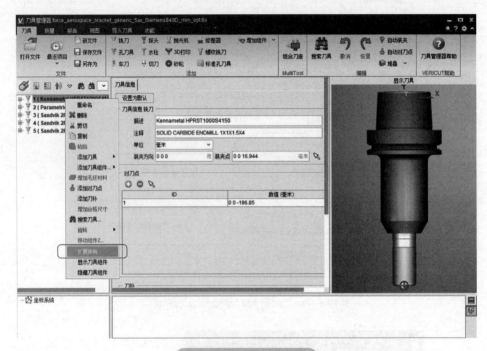

图 6-14 优化功能开启

3）选中 1 刀具中的"Cutter"，右击选择命令"增加毛坯材料"。

4）"毛坯材料"：Titanium+6Al4v+HRC37。

5）"机床"：2-axis Lathe。

6）"刀具 / 操作 描述"：OD ROUGH RIGHT - 80 DEG。

7）"优化设置"标签页，将屑厚改为"0.29 毫米"，将"力"栏勾选为"极限"，对应文本框输入"1060 牛顿"，"功率"栏勾选为"忽略"，如图 6-15 所示。

8）选中项目树新建的优化列，右击并选择命令"激活"，当 **F** 图标点亮时，代表优化刀具库被启用。

9）单击"关闭"。

10）同理，选择 2 刀具下"增加毛坯材料"。

11）"毛坯材料"：Titanium+6Al4v+HRC37。

12）"机床"：2-axis Lathe。

13）"刀具 / 操作 描述"：OD Right 55 deg。

14）"优化设置"标签页：将"屑厚"改为"0.1 毫米"，将"力"勾选为"极限"，对应文本框输入"268 牛顿"；"功率"勾选为"忽略"。

15）当项目树中对应的 **F** 图标点亮时，代表优化刀具库被启用。

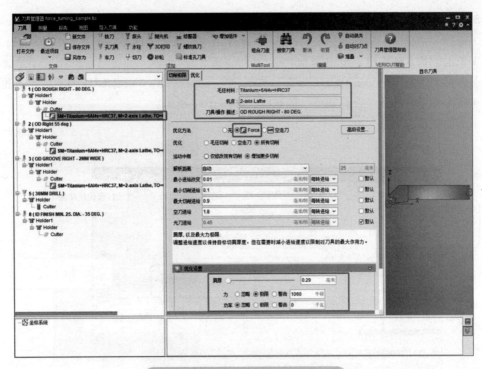

图 6-15　车刀优化参数设置及开启

16）单击"关闭"。

17）同理，选择 3 刀具下"增加毛坯材料"。

18）"毛坯材料"：Titanium+6Al4v+HRC37。

19）"机床"：2-axis Lathe。

20）"刀具 / 操作 描述"：OD GROOVE RIGHT - 2MM WIDE。

21）"优化设置"标签页：将"屑厚"改为"0.1 毫米"，将"力"勾选为"极限"，对应文本框输入"252 牛顿"；"功率"勾选为"忽略"。

22）当项目树中对应的 **F** 图标点亮时，代表优化刀具库被启用。

23）单击"关闭"。

11. 将带有新的优化库参数的刀具库保存

1）在"刀具管理器"中，选择"保存文件"菜单命令 🔲 保存文件，保存当前刀具库。

2）在"刀具管理器"中，单击右上角"关闭"菜单命令 ❌，关闭当前刀具库。

12. 用硬材料优化库参数优化数控程序

1）选择"优化">"优化控制"菜单命令，系统弹出"优化设置"对话框。

2）在"优化模式"下拉列表中选择"优化"，如图 6-16 所示。

3）"材料"：Titanium+6Al4v+HRC37。

4）单击"确定"。

5）在项目树中，双击"加工刀具" 🔧 加工刀具，打开"刀具管理器"窗口。

6）在"刀具管理器"窗口中选中要优化的刀具，右击选择命令"扩展所有"。

7）关闭"刀具管理器"对话框。

13. 切削时通过"状态"信息栏监测优化参数

1）选择"信息">"状态"菜单命令，系统弹出"状态"信息栏。

2）单击"仿真到末尾"按钮 ⚪。

3）选择"信息">"VERICUT日志"菜单命令，系统弹出"VERICUT日志"对话框。

4）将滚动条拖拽到"刀具摘要"信息段，如图6-17所示。

5）关闭"日志文件"。

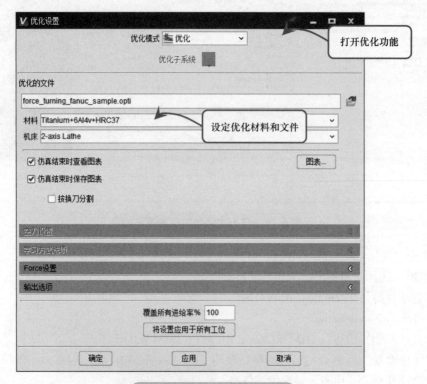

图6-16　打开车削优化功能

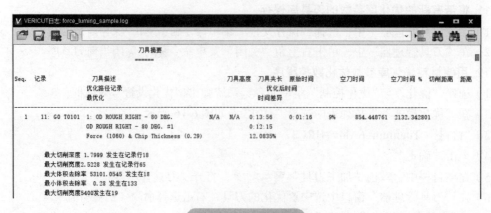

图6-17　刀具摘要

14. 退出 VERICUT

1）选择"文件">"退出"菜单命令。

2）单击"忽略所有修改"。

6.3.2 切削力优化案例

1. 运行 VERICUT 应用程序，打开项目文件

1）选择"文件">"打开"菜单命令或在工具栏单击"打开项目"图标，系统弹出"打开项目 ..."对话框，如图 6-18 所示。

2）在对话框右下侧"快捷路径"下拉列表中选择"工作目录"（放置仿真项目的文件夹）。

3）选择项目文件"force_aerospace_bracket_generic_5ax_Siemens840D_mm.vcproject"。

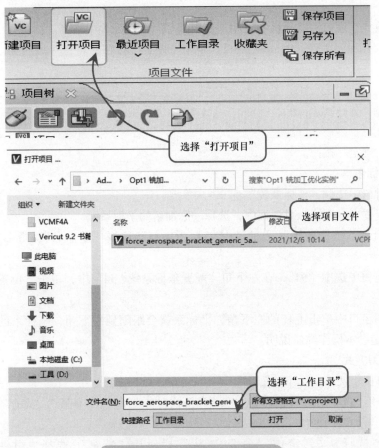

图 6-18 "打开项目 ..."对话框

2. 添加毛坯模型

1）在项目树中选择"Stock"组件 Stock (0, 0, 0)。

2）在"配置组件：Stock"对话框中，选择"添加模型">"模型文件"，系统弹出"打开 ..."对话框。

3）在对话框右下侧"快捷路径"下拉列表中选择"工作目录"。

4）选择模型文件"Sample_Stock.stl"。

5）单击"打开"按钮。

3. 添加刀具库

1）在项目树中选择"加工刀具" 加工刀具 。

2）在"配置刀具"对话框中，选择"刀具库文件"打开按钮 ，系统弹出"打开 ..."对话框。

3）在对话框右下侧"快捷路径"下拉列表中选择"练习"。

4）选择刀具库文件"force_aerospace_bracket_generic_5ax_Siemens840D_mm_opt.tls"。

5）单击"打开"按钮。

4. 添加数控程序

1）在项目树中选择"数控程序" 数控程序 。

2）在"配置数控程序"对话框中，选择"添加数控程序文件"，系统弹出"数控程序 ..."对话框。

3）在"数控程序 ..."对话框右下侧"快捷路径"下拉列表中选择"练习"。

4）选择数控程序文件"Sample.mpf"，单击"确定"按钮，将程序添加到"当前的数控程序"中。

> **注意**：可以在过滤器中输入"*.mpf"快速查找程序文件。

5）单击"确定"按钮。

5. 添加坐标系

1）在项目树中选择"坐标系统" 坐标系统 。

2）在"配置坐标系统"对话框中，选择"添加新的坐标系"。

3）在项目树"坐标系统"子目录中右击"Csys1"选择"重命名"，重命名"Csys1"为"54"。

4）在项目树中选中"54"，在左下角"配置坐标系统：54"中，单击"位置"文本框后面的箭头图标 。

5）在视图窗口中单击毛坯的左下角，坐标系就会跟随到左下角，坐标系的位置根据实际加工工艺来设定，本操作纯属说明。

6. 设置对刀方式

1）在项目树中选择"G- 代码偏置" G-代码偏置 。

2）在左下角"配置 工作偏置"中，"偏置"下拉列表选择"工作偏置"，"寄存器"选择"54"。

3）单击"增加新的偏执"按钮。

4）勾选"选择从 / 到定位"命令，"从"栏对应"特征"选择"组件"选择，"名字""Spindle"，"到"栏对应"特征"选择"坐标原点"，"名字"选择"54"。

7. 激活"向数控程序中学习"优化方式，从数控程序中提取切削参数

1）选择"优化"＞"优化控制"菜单命令，弹出"优化设置"对话框。

2）"优化的文件"文本框：输入优化后的数控程序名，如"Sample.opti,"浏览保存路径。

3）在"优化方式"下拉列表中选择"向数控程序学习"。

4）"材料"下拉列表：Titanium+6Al4v+HRC37。

5）"机床"下拉列表：G5X。

6）"学习方式选项"标签页中，"学习刀具库"栏中输入"force_aerospace_bracket_generic_5ax_Siemens840D_mm_opt.tls"，浏览保存路径，新建一个带优化库的刀具库文件，或者勾选"添加到现有的刀具库"，这样创建的优化库会被添加到现有的刀具库中。

7）在"Force 设置"标签页的"材料库文件"文本框右侧，单击 按钮，打开文件选择窗口，在"快捷路径"栏选择"Force 材料"，单击"确定"按钮。

8）根据机床、刀具、加工材料参数设置以下参数："最小进给改变"设为"50 毫米 / 分"；"最小切削进给"设为"400 毫米 / 分"；"最大切削进给"设为"6500 毫米 / 分"；"空刀进给"设为"12000 毫米 / 分"；"光刀进给"设为"10000 毫米 / 分"。

9）单击"确定"按钮。

当"向数控程序中学习"优化模式被激活，优化状态指示灯（OPTI）显示黄色。通过"向数控程序中学习"优化模式创建的优化库中的参数是数控程序中的刀具最大切削负载位置的参数。

8. 用优化功能优化数控程序

1）在菜单栏选择"优化" > "优化控制"菜单命令，弹出"优化设置"对话框。

2）在"优化模式"下拉列表中选择"当切削时提示"。

3）单击"确定"按钮。

当激活优化方式时，"VERICUT 日志器"信息栏中显示"打开优化"。

9. 切削时通过"状态"信息栏监测优化参数

1）选择"信息" > "状态"菜单命令，系统弹出"状态"对话框。

2）单击对话框左上角"配置"按钮，只勾选"时间 & 距离""优化"，其他选项可以根据需要勾选或取消勾选，如图 6-19 所示。

3）单击"仿真到末尾"按钮。

4）仿真优化开启并切削完毕后，可在"优化"项内展开"优化节省计算器"，此计算器会显示此次优化切削过程中各项的提升数据，如图 6-19 所示。

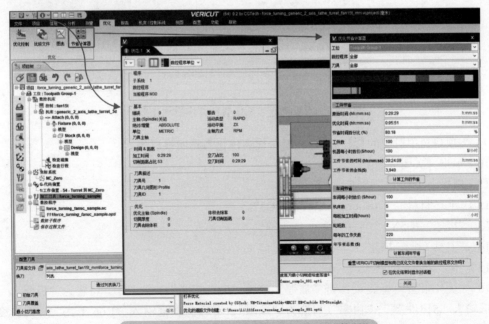

图 6-19　"状态"信息栏及"优化节省计算器"

10. 针对硬材料加工调整优化参数添加到优化库

1）在项目树中，双击"加工刀具" 🔧 加工刀具。

2）在"刀具管理器"对话框中右击选择"扩展所有"。

3）选择1刀具下"增加毛坯材料"。

4）"毛坯材料"：Titanium+6Al4v+HRC37。

5）"机床"：G5X。

6）"刀具 / 操作 描述"：输入刀具信息"T46"。

7）"齿"：输入刀具刃数"4"。

8）"优化设置"标签页：将"屑厚"改为"0.1毫米"，将"力"勾选为"极限"，对应文本框输入"2250牛顿"；"功率"和"刀具变形"勾选为"忽略"，如图6-20所示。

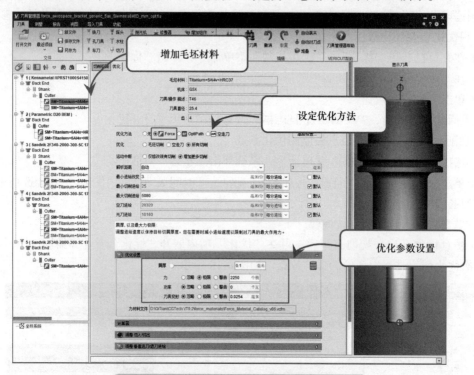

图6-20 刀具库新增毛坯材料并设置优化参数

9）当项目树中对应的 **F** 图标点亮时，代表优化刀具库被启用。

10）单击"关闭"。

11）选择2刀具下"增加毛坯材料"。

12）"毛坯材料"：Titanium+6Al4v+HRC37。

13）"机床"：G5X。

14）"刀具 / 操作 描述"：输入刀具信息。

15）"齿"：输入刀具刃数"4"。

16）"优化设置"标签页：将"屑厚"改为"0.05毫米"，将"力"勾选为"极限"，对应文本框输入"513牛顿"；"功率"勾选为"极限"，对应文本框输入"1.66千瓦"，"刀具变形"勾选为"忽略"。

17）当项目树中对应的 **F** 图标点亮时，代表优化刀具库被启用。

18）单击"关闭"。

19）选择 3 刀具下"增加毛坯材料"。

20）"毛坯材料"：Titanium+6Al4v+HRC37。

21）"机床"：G5X。

22）"刀具 / 操作 描述"：输入刀具信息。

23）"齿"：输入刀具刃数"4"。

24）"优化设置"标签页：将"屑厚"改为"0.08 毫米"，将"力"勾选为"极限"，对应文本框输入"549 牛顿"，"功率"勾选为"极限"，对应文本框输入"1.88 千瓦"，"刀具变形"勾选为"忽略"。

25）当项目树中对应的 **F** 图标点亮时，代表优化刀具库被启用。

26）单击"关闭"。

11. 将带有新的优化库参数的刀具库保存

1）在"刀具管理器"中，选择"保存文件"菜单命令 **🖫 保存文件**，保存当前刀具库。

2）在"刀具管理器"中，单击右上角"关闭"菜单命令 **✖**，关闭当前刀具库。

12. 用硬材料优化库参数优化数控程序

1）选择"优化">"优化控制"菜单命令，系统弹出"优化设置"对话框。

2）在"优化模式"下拉列表中选择"优化"。

3）"材料"：Titanium+6Al4v+HRC37。

4）单击"确定"。

5）在项目树中，双击"加工刀具" **🔧 加工刀具**。

6）在"刀具管理器"对话框中右击选择"扩展所有"。

7）关闭"刀具管理器"对话框。

13. 切削时通过"状态"信息栏监测优化参数

1）选择"信息">"状态"菜单命令，系统弹出"状态"信息栏。

2）单击"仿真到末尾"按钮 **⏩**。

3）选择"信息">"VERICUT 日志"菜单命令，系统弹出"VERICUT 日志"对话框。

4）将滚动条拖拽到"刀具摘要"信息段。

5）关闭"日志文件"。

14. 退出 VERICUT

1）选择"文件">"退出"菜单命令。

2）单击"忽略所有修改"。

第 7 章

VERICUT 测量编程与仿真 **7**

7.1 VERICUT 测量编程与仿真概述

7.1.1 数控机床测量系统的主要作用

随着数控机床的发展，很多中、高档数控机床都配置了测头，通过在机测量功能来对工件装夹、毛坯加工余量、加工后的零件等进行测量，将测量数据用于生产、检验，组成一个闭环的生产制造系统，给数控机床赋予新的使命。

数控机床配备常见的测量系统有 SIEMENS 840D、HEIDENHAIN、FANUC、RENISHAW、BLUM 等，虽然它们的指令格式差别很大，但其内在的测量逻辑基本相同，常用的有平面、隔片 / 凹槽、内孔 / 外圆、矩形型腔 / 矩形凸台、角度及标定等测量循环。本章分别用常见的 SIEMENS、HEIDENHAIN、FANUC 等系统举例说明。

给数控机床配备测量系统主要具有以下作用。

1. 提高测量效率和精度

传统测量方法一种方式是工件加工后在机床上专人检测，占用机床时间，时间长，效率低。另一种方式卸下工件转移到测量室由三坐标测量机测量，这就包含拆卸、搬运、测量、再次装夹的工作和时间。而在机测量，只需换测头，用测量程序测量，测量与加工使用同一坐标系，测量结果可由数控系统计算处理后输出需要的数据，测量时间短，效率高。

2. 提高加工效率、预防出错、保持加工的连续性

主要有以下几方面。

（1）自动设置零点　对零点普遍做法是由操作员利用巡边器、测量芯棒或刀具并通过不断的手动微调到正确的位置，最后通过加减对刀位置坐标、芯棒、刀具的半径或长度等得到最终零点数据，手动操作时间长，人工输入数据容易出错。用测头对零点，运行零点程序后自动生成零点数据，无须人工干预，可有效避免手动对零的问题，提高效率。

（2）工件校验　批量加工的工序，工件装夹一般由工装夹具来保证，会受细小铁屑、局部损伤等影响，或者出现零点漂移等问题。在加工之前可用测量程序先行检测，提前发现问题，避免工件报废。

（3）测量毛坯余量　对于中、大件或小批量的毛坯一般不会经过预加工，因此毛坯的加工余量存在较大的差异。加工之前对加工余量进行测量，测量数据存在机床中，一方面对异常数据提前预警提前处理，从而避免加工到某一特征时才发现问题的被动局面；另一方面，加工程序自动调用测量数据，根据余量的多少加工时程序会自动进行调整，实现智能加工。

（4）刀具补偿或加工精度补偿　加工程序和刀具设置是按理论尺寸编制，但实际加工中会存在各种误差，都会影响最终加工精度。测量系统可依据测量结果并结合经验数据根据实际需求可对刀补或零点等进行补偿以消除偏差。

（5）测量修正　有些零件加工后，需要依据测量结果对零件进行后续修正加工，或某两个零件之间有配合关系，或一个零件的加工需以另一个零件尺寸为基准。我们可以机床上直接测量后进行加工，或直接利用测量数据进行加工，方便、高效，保证加工的连续性。

3. 检测机床精度和补偿

测头可用于机床几何误差检测，代替传统的激光干涉仪和球杆仪，并自动补偿机床误差。

综上所述，我们可根据不同需求编制相应测量程序，如机床精度测量、设置工件零点、刀具补偿、余量测量、工件测量等，在机床内产生特定用途的数据，利用机床数控系统对测量数据进行分析处理。数控机床对工件具有感知能力，柔性加工、智能制造成为可能。

7.1.2　测量仿真的意义

通过使用测头进行测量是柔性制造、智能制造的重要基础，测量程序及其应用测量数据的加工程序正确性非常重要，上机前须进行仿真。

1. 碰撞干涉检查

检查测量或加工过程中测头、工件、夹具、机床等各部件之间是否存在碰撞干涉，从而避免测头、夹具、工件、机床等不必要的损坏。

2. 测量程序格式检查

现测量程序有些通过 CAM 编程由后处理生成，特别是有些通过手工编程，且程序可读性比较差，错误可能会比较多，因此通过 VERICUT 仿真，可提前发现错误并解决问题。

3. 检查测量的正确性、合理性及优化

通过 VERICUT 仿真我们可以直观地观察到测量位置是否正确，是否需要调整更好的位置，是否需要增加或减少测量点，测量参数设置是否合适等等，从而确保每一个测量数据是合理的、是准确的，为后续测量数据的应用提供可靠的基础。

4. 测量数据匹配性

数控机床通过测量程序测得的数据一般存在机床的变量中，加工程序所使用的变量必须与测量程序的变量一一对应，我们可以在 VERICUT 中通过一些处理，验证参数对应性，确保程序的正确性。

5. VERICUT 仿真过程的需要

VERICUT 仿真时由测量程序生成数据，后续加工程序利用测量数据才能仿真，组成一个闭环的系统，与机床上实际加工保持一致。

为保证测量程序和加工程序的正确性、合理性、安全性及仿真的连续性，提高机床的生产效率，因此非常有必要对测量及加工程序进行仿真。

7.1.3　测头类型

测头根据测量方向数目不同可分为：①单向测头；②双向测头；③多向（3D）测头。

由图 7-1 可知，由于 3D 测头的测量方向在使用中不受限制，可以沿各个方向进行测量，目前一般机床使用的测头为 3D 测头。

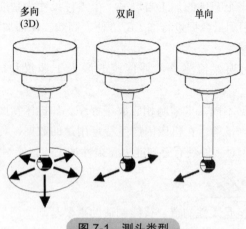

图 7-1　测头类型

7.2　SIEMENS 840D pl 系统测头标定编程与仿真案例

　　测头固定在刀柄上，测头的测针不可能准确地位于主轴中心线上，测头的偏心将导致不准确的测量结果。同样，基于电子触发点的测头长度不同于测头组件的物理长度，存在一定的长度误差。通过标定准确地计算出测头的偏心和长度，测量时进行补偿，确保测量的准确性。

　　通过对测头的标定，加深对测量的理解，通过标定后测头数据的理解，有助于分析测量数据的误差。

7.2.1　测头标定程序说明

　　测头标定程序：sin840D_probing_calibrating.mpf。

%_N_SIN840D_PROBING_CALIBRATING_MPF

N50 G40 G17 G90	
N52 G57	环规中心平面为零点
N54 T99	调用测头
N56 M6	
N58 D1	
N60 S0 M3	
N62 G0 X0 Y0.	
N64 G0 B0	
N66 G0 Z100.	
;CALIBRATING THE PROBE LENGTH	测头长度标定
N68 G0 X20. Y-20.	定位测量位置
N70 Z7.	接近测量平面
N72 _TSA=3 _PRNUM=1 _VMS=300 _NMSP=1 _FA=3	设置校准循环各参数
N74 _TZL=0 _MA=3 _MD=1	在负 Z 轴校准测头 1
N76 _MVAR=0	设置平面上的校准方式

N78 _SETVAL=0	校准平面的位置
N80 CYCLE976	调用测量标定循环
N82 Z100.	返回安全平面
;CALIBRATING THE STYLUS X AND Y OFFSETS	在 X-Y 平面上校准测头
N84 G0 X0. Y0.	定位已知孔中心
N86 Z-5.	定位到测量位置
N88 _TSA=3 _PRNUM=1 _VMS=300 _NMSP=1 _FA=3	设置校准循环的参数：
N90 _TZL=0	校准测头 1
N92 _MVAR=010101	设置在已知孔中校准方式
N94 _SETVAL=30	校准环规直径 30
N96 CYCLE976	调用测量标定循环
N98 G0 Z100.	返回安全平面
M30	程序结束

7.2.2　VERICUT 测头标定仿真案例

> 提示：本章 VERICUT 样例文件和影音文件可通过扫描本书前言中的二维码获取并下载到本地指定位置。

1. 运行 VERICUT 应用程序打开项目文件

1）主菜单选择"文件"，在工具栏单击"打开项目"图标，系统弹出"打开项目..."对话框，如图 7-2 所示。

2）在对话框右下侧"快捷路径"下拉列表中选择"案例"。

3）在"Probing"文件夹中选择项目文件"probing_calibrating_generic_5ax_vmill_head_b_table_c_3d_sin840d.vcproject"。

2. 添加毛坯模型

1）在项目树中选择"Stock"组件 📦Stock (0, 0, 0)。

2）在"配置组件：Stock"对话框中，选择"添加模型">"模型文件"，在对话框右下侧"快捷路径"下拉列表中选择"案例"。

3）在"Support_files"文件夹中选择模型文件"sin840D_probing_calibrating.stl"。

4）在项目树中选中"Stock"组件，在界面左下方"配置组件：Stock"选择"移动"栏，在"位置"对话框中输入"-575 375 15"如图 7-3 所示。

5）说明：①标定环内孔 $\phi30$mm，外形 50mm × 50mm，厚度 15mm；②为减少对工件加工的影响，标定环尽可能放置在机床的角落。

3. 添加刀具库

1）在项目树中双击"加工刀具" 🔧加工刀具，打开"刀具管理器"窗口。

2）在"刀具管理器"窗口中，选择"刀具"，单击打开文件按钮 📂，系统弹出"打开..."对话框。

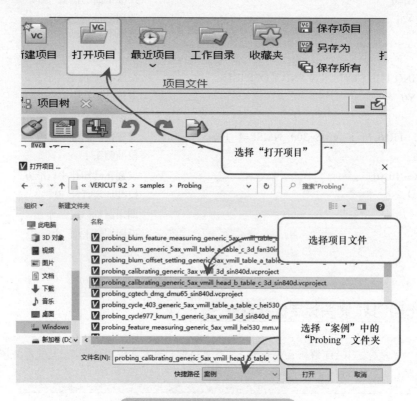

图7-2 "打开项目..."对话框

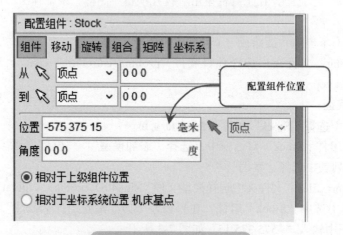

图7-3 "配置组件：Stock"

3）在对话框右下侧"快捷路径"下拉列表中选择"案例"。

4）在"TLS"文件夹中选择刀具库文件"sin840D_probing_calibrating_milling_tools.tls"。

5）单击"打开"按钮，如图7-4所示。

6）注意检查刀号99，刀具类型为测头 99（05mm probe）。

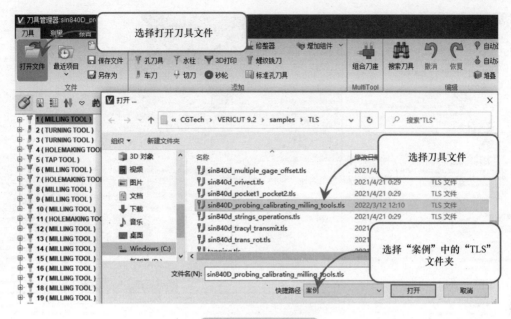

图 7-4　添加刀具库

4. 添加数控程序

1）在项目树中选择"数控程序" 数控程序。

2）在"配置数控程序"对话框中，选择"添加数控程序"，系统弹出"数控程序 ..."对话框。

3）在对话框右下侧"快捷路径"下拉列表中选择"案例"。

4）在"Support_files"文件夹中选择数控程序文件"sin840D_probing_calibrating.mpf"，单击"确定"按钮，将程序添加到"当前的数控程序"中。

5. 添加坐标系

1）在项目树中选择"坐标系统" 坐标系统。

2）在"配置坐标系统"对话框中，选择"新建坐标系"。

3）单击"Csys1"坐标系栏，在左下角"配置坐标系统"中，选择 附上坐标系到 Stock。

4）在视图窗口中单击毛坯的顶点，坐标系就会跟随到标定环顶面中心，如图 7-5 所示。

6. 设置对刀方式

1）在项目树中选择"G-代码偏置" G-代码偏置。

2）在左下角"配置 G-代码偏置"中，"偏置"下拉列表选择"工作偏置"，"寄存器"选择"57"。

3）单击坐标系"Csys1"。

4）勾选"选择从/到定位"命令，"从"栏对应"特征"选择"组件"，"名字"选择"Spindle"，"到"栏对应"特征"选择"坐标原点"，"名字"选择"Csys1"，如图 7-6 所示。

5）单击"添加"按钮。

7. 运行标定程序的说明

1）单击 运行标定程序，在屏幕下方的"VERICUT 日志器"信息栏可以看到具体测量点，如有错误、警报、碰撞等信息会在此显示，如图 7-7 所示。

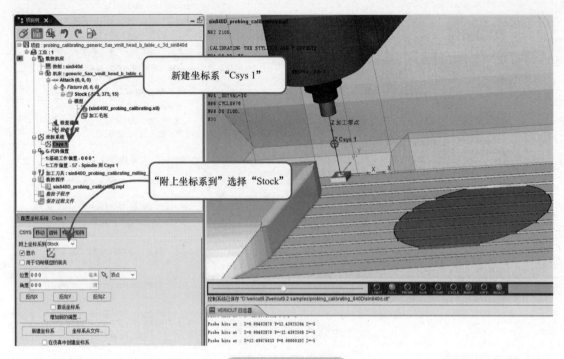

图 7-5　添加坐标系

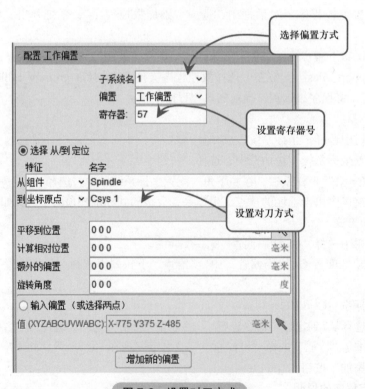

图 7-6　设置对刀方式

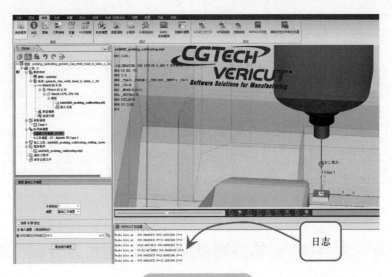

图 7-7　仿真结果

2）单击菜单"信息">"变量">"所有 ...",程序运行后可查看"_OVR[ ]""_OVI[ ]""_WP[ ]"等变量及其数值,如图 7-8 所示。

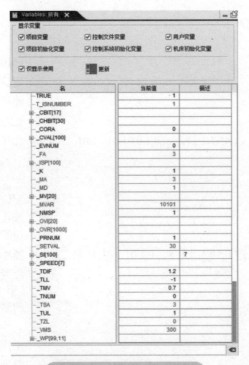

图 7-8　运行程序后的变量

3）测头数据:完成标定后,测头相关数据存在变量"_WP[ ]"中,如图 7-9 所示。其中,测头分别在 X 轴、Y 轴的位置偏移"_WP[k,7]""_WP[k,8]"和精确的球直径"_WP[k,0]"值得关注(注:k = _PRNUM-1)。如测量过程中出现误差较大,可参考"_WP[k,0]""_WP[k,7]""_WP[k,8]"和实际测量接触点等对测量数据进行分析。

指数"k"代表实际数据区的号码（_PRNUM-1）		⊟·_WP[99,11]	
_WP[k,0]	有效的工件测量头球体直径	┆┄[0 0]	5.068811
_WP[k,1]	横坐标负方向上的触发点	┆┄[0 1]	2.508063
_WP[k,2]	横坐标正方向上的触发点	┆┄[0 2]	-2.508063
_WP[k,3]	纵坐标负方向上的触发点	┆┄[0 3]	2.560748
_WP[k,4]	纵坐标正方向上的触发点	┆┄[0 4]	-2.560748
_WP[k,5]	应用坐标负方向上的触发点	┆┄[0 7]	0.004829
_WP[k,6]	应用坐标正方向上的触发点	┆┄[0 8]	0.000001
_WP[k,7]	横坐标位置偏差（倾斜位置）	┆┄[0 9]	999000000000
_WP[k,8]	纵坐标位置偏差（倾斜位置）	┆┄[0 10]	103
_WP[k,9]	校准状态，编码		
_WP[k,10]	校准状态，编码		

图 7-9　测头数据

7.3　SIEMENS 840D sl 系统测量循环编程与仿真介绍

本案例主要介绍 SIEMENS 840D sl 系统相关测量循环。

7.3.1　测量循环程序说明

1. 孔 / 轴 / 槽 / 隔片 / 矩形测量循环程序：sin840d_measuring_cycles_cycle977.mpf

%_N_Siemens_CYCLE977_MPF	
; MEASURE_HOLE	
TRAFOOF	调用测头
N500 G54 T1 M6	定位测量孔中心位置
N505 G17 G0 X180 Y390	测量深度位置
N510 Z60 D1	孔测量循环（第 1 位 S_MVAR=1）
N515 CYCLE977（1,,,1,130,,,5,1,45,1,1,,,1,""　,,0,1.01,1.01,-1.01,,,,,1,1）	孔径为 φ130mm 及其他测量参数
N560 G0 Z160	
; MEASURE_WEB	
N605 G17 G0 X50 Y130	定位在隔片中心的测量位置
N610 Z101 D1	测头定位在隔片平面上方的安全位置
N615 CYCLE977（4,,,1,100,,,5,1,0,10,1,,1,1,""　,,0,1.01,1.01,-1.01,,,,,1,1）	隔片测量循环（第 1 位 S_MVAR=4）
N660 G0 Z160	隔片宽 100mm 及其他测量参数（第 11 位 S_ID=10 控制测量深度的测量位置）
; MEASURE_GROOVE	
N805 G17 G0 X150 Y130	定位测量槽中心位置
N810 Z80 D1	测量深度位置
N815 CYCLE977（3,,,1,100,,,5,1,0,1,1,,1,1,""　,,0,1.01,1.01,-1.01,,,,,1,1）	槽测量循环（第 1 位 S_MVAR=3）
N855 G0 Z160	槽宽 100mm 及其他测量参数
; MEASURE_CYLINDER	
N705 Z131 D1	
N710 G17 G0 X280 Y210	定位在圆柱平面上方的安全位置

N715 CYCLE977（2,,,1,65,,,5,1,45,10,1,,,1,""，,,0,1.01,1.01,−1.01,,,,,1,1）　　定位测量圆柱中心位置

N755 G0 Z160　　　　　　　　　　　　　　　　　　　　　　　　圆柱测量循环（第 1 位 S_MVAR=2）

…　　　　　　　　　　　　　　　　　　　　　　　　　　　　　圆柱外径 ϕ65mm, S_ID=10 及其他测量参数

N950 M30

2. 平面测量循环程序：sin840d_measuring_cycles_cycle978.mpf

```
%_N_Siemens_cycle978_MPF
; MEASURE_1_POINT
N500 G55 T1 M6                                          调用测头
N505 B90
N510 G17 G0 G90 X210 Y100                               定位测量位置
N515 Z60 D1
N520 CYCLE978（0,,,1,200,5,1,1,2,1,""，,,0,1.01,1.01,−1.01,,,,,1,1）
```
平面测量循环，第 8 位 S_MA 为测量轴，第 9 位 S_MD 为测量方向，第 5 位 S_SETV 为测量位置；即在 X 轴负向测量，测量点为 X200

```
N530 G0 Z160
;DETERMINATION_DO_1
N605 G17 G0 G90 X-20 Y25                                定位测量位置
N610 Z60 D1
N615 CYCLE978（0,,,1,0,5,1,1,1,1,""，,,0,1.01,1.01,−1.01,,,,,1,1）
```
平面测量循环，S_MA=1，S_MD=1，S_SETV=0；在 X 轴正向测量，测量点为 X0

```
…
N650 CYCLE978（0,,,1,0,5,1,2,1,1,""，,,0,1.01,1.01,−1.01,,,,,1,1）
```
平面测量循环，S_MA=2，S_MD=1，S_SETV=0；在 Y 轴正向测量，测量点为 Y0

```
…
N950 M30
```

3. 在一定角度下孔 / 轴测量循环程序：sin840d_measuring_cycles_cycle979.mpf

```
%_N_Siemens_cycle979_MPF
; MEASURE_HOLE
N500 G56 T1 M6                                          调用测头
N505 B180
N510 G17 G0 G90 X180 Y650                               定位测量孔中心位置
N515 Z65 D1                                             测量深度位置
N520 CYCLE979（1001,,,1,130,5,1,180.,650.,0,90,1,""，,,0,1.01,1.01,
−1.01,,,,,1,1）
```
在一定角度下四点孔测量循环（第 1 位 S_MVAR=1001），孔径为 ϕ130mm，中心为（180,650），起始角 0°，增量角 90°，及其他测量参数

```
N530 G0 Z160
```

…　　　　　　　　　　　　　　　　　　　　　定位测量孔中心位置

N610 G17 G0 G90 X180 Y650　　　　　　　　测量深度位置

N615 Z65 D1　　　　　　　　　　　　　　在一定角度下四点孔测量循环（第 1
位 S_MVAR=1001），孔径为 ϕ130mm，
中心为（180,650），起始角 10°，增量
角 45°，及其他测量参数

N620 CYCLE979（1001,,,1,130,5,1,180,650,10,45,1,"",,0,1.01,1.01,
−1.01,,,,,1,1）

N630 G0 Z160

…

N950 M30

4. 角度测量循环程序：sin840d_measuring_cycles_cycle998.mpf

%_N_Siemens_cycle998_MPF

;MEASURE-ANGLE

N500 G57 T1 M6　　　　　　　　　　　　调用测头

N505 G0 C0

N510 B270

N515 G17 G90 X20 Y15　　　　　　　　　定位测量位置

N520 Z-5 D1　　　　　　　　　　　　　角度测量循环，第 10 位 S_MA=102，
测量轴为 Y 轴 2，位移轴为 X 轴 1；
第 11 位 S_MD=2 为负向，第 6 位 S_
STA1=4 为角度额定值；第 12 位 S_
ID=100，位移轴上测量点 P1 和 P1 的
距离 100mm

N525 CYCLE998（100005,,,5,1,1,4,,15,3,102,2,100,,,,,1,,1,）

N535 G0 Z160

…

N950 M30

7.3.2　VERICUT 测量循环仿真案例

1. 运行 VERICUT 应用程序打开项目文件

1）主菜单选择"文件"，在工具栏中单击"打开项目"图标，系统弹出"打开项目 ..."对话框，如图 7-10 所示。

2）在对话框右下侧"快捷路径"下拉列表中选择"案例"。

3）在"Probing"文件夹中选择项目文件"probing_measuring_cycles_generic_5ax_hmill_head_a_table_b_sin840d_mm.vcproject"。

2. 添加毛坯模型

1）在项目树中选择"Stock"组件 📄**Stock (0, 0, 0)**。

2）在"配置组件：Stock"对话框中，选择"添加模型">"模型文件"，在对话框右下侧"快捷路径"下拉列表中选择"案例"。

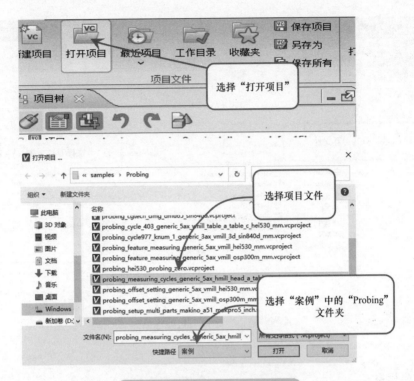

图 7-10　"打开项目…"对话框

3）在"Support_files"文件夹中选择模型文件"sin840d_measuring_cycles_fig1_stk""sin840d_measuring_cycles_fig2_stk""sin840d_measuring_cycles_fig2_stk"。

4）在"配置组件：Stock"对话框中，选择"添加模型">"立方体"或"圆柱体"。

3. 添加刀具库

1）在项目树中双击"加工刀具" 加工刀具，打开"刀具管理器"窗口。

2）在"刀具管理器"窗口中，选择"刀具"，单击打开文件按钮 ，系统弹出"打开…"对话框。

3）在对话框右下侧"快捷路径"下拉列表中选择"案例"。

4）在"TLS"文件夹中选择刀具库文件"sin840d_measuring_cycles.tls"。

5）单击"打开"按钮，如图 7-11 所示。

4. 添加数控程序

1）在项目树中选择"数控程序" 数控程序 。

2）在"配置数控程序"对话框中，选择"添加数控程序"，系统弹出"数控程序…"对话框。

3）在对话框右下侧"快捷路径"下拉列表中选择"案例"。

4）在"Support_files"文件夹中选择数控程序文件"sin840d_measuring_cycles_cycle977""sin840d_measuring_cycles_cycle978""sin840d_measuring_cycles_cycle979"和"sin840d_measuring_cycles_cycle998"，单击"确定"按钮，将程序添加到"当前的数控程序"中。

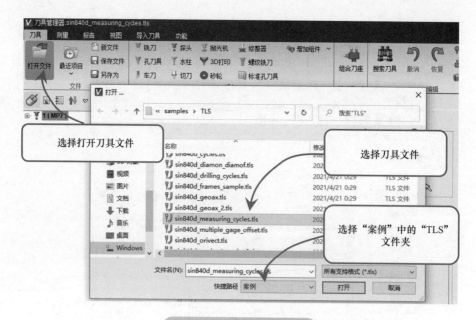

图 7-11　添加刀具库文件

5. 添加坐标系

1）在项目树中选择"坐标系统" 坐标系统 。

2）在"配置坐标系统"对话框中，选择"新建坐标系"。

3）单击"_Pallet_Top_Center"坐标系栏，在左下角"配置坐标系统"中，选择 附上坐标系到Stock 。

4）在视图窗口中单击毛坯的顶点，如图 7-12 所示。

6. 设置对刀方式

1）在项目树中选择"G-代码偏置" G-代码偏置 。

2）在左下角"配置 G-代码偏置"中，"偏置"下拉列表选择"工作偏置"，"寄存器"选择"54"；分别建立 54、55、56、57 四个工作偏置。

3）勾选"选择从/到定位"命令，"从"栏对应"特征"选择"组件""名字"选择"Spindle"，"到"栏对应"特征"选择"组件""名字"选择"Stock"，在"平移到位置"文本框输入坐标值，在"计算相对位置"文本框输入工作台 B 角度，如此定义四个工作偏置，如图 7-13 所示。

7. 运行测量循环程序的说明

单击 运行测量循环程序，在屏幕下方的"VERICUT 日志器"信息栏可以看到具体测量结果，如图 7-14 所示。

通过运行各测量程序，观察其运行轨迹及其测量数据，有助于加深对平面、凸台/凹槽、内孔/外圆、角度等测量循环的理解。

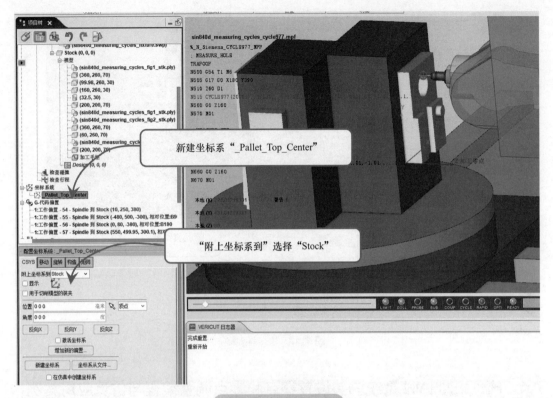

图 7-12　添加坐标系

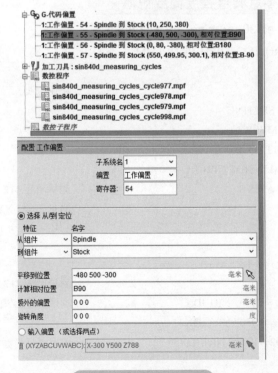

图 7-13　设置工作偏置

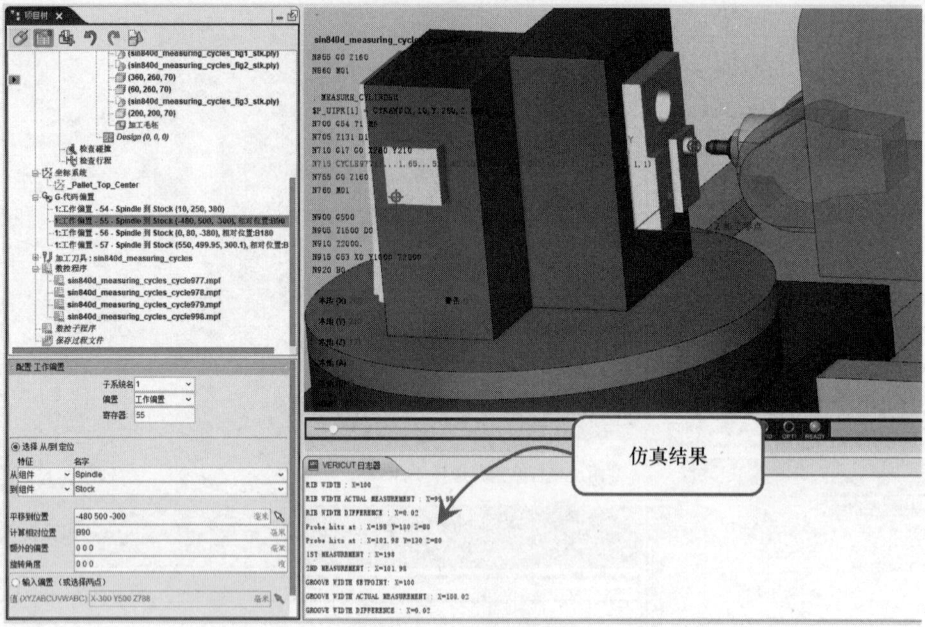

图 7-14　仿真结果

7.4　HEIDENHAIN 系统测头设置零点和零点调整编程与仿真应用案例

7.4.1　设置零点和零点调整程序简要说明

1. 设置零点程序：hei530_probing_zero_setup.h

```
0 BEGIN PGM HEI530_PROBING_ZERO_SETUP MM
...
3 TOOL CALL 99 Z F100                              调用测头
4 CYCL DEF 247 DATUM SETTING ~
   Q339=+1  ;DATUM NUMBER                          选择粗零点
5 L  X+50  Y+50  Z+100 R0 FMAX
6 TCH PROBE 412 DATUM INSIDE CIRCLE ~
   Q321=+0 ;CENTER 1ST AXIS ~                      测量循环412孔中心为零点
   Q305=1 ;NO. IN TABLE ~                          测量参数, XY 轴零点坐标保存在零点
                                                    1 中
...
7 TCH PROBE 417 DATUM IN TS AXIS ~
...                                                 测量循环417 零点在测量轴上
8 FN 18: SYSREAD Q1600 = ID507 NR1 IDX1            测量参数, Z轴零点坐标保存在零点1中
9 FN 18: SYSREAD Q1601 = ID507 NR1 IDX2
10 FN 18: SYSREAD Q1602 = ID507 NR1 IDX3           输出零点坐标到变量中
11 L  Z+300 R0 FMAX
12 END PGM HEI530_PROBING_ZERO_SETUP MM
```

2. 零点调整加工程序：hei530_probing_zero_adjustment.h

0 BEGIN PGM HEI530_PROBING_ZERO_ADJUSTMENT MM

1 ; …

2 Q1600 = 400.0 ;X-AXIS COORDINATE VALUE　　　　　　　　基准零点变量赋值

3 Q1601 = 460.0 ;Y-AXIS COORDINATE VALUE

4 Q1602 = -50.0 ; Z-AXIS COORDINATE VALUE

5 Q1603 = 0.0 ; C-AXIS COORDINATE VALUE

6 ; …

7 Q1605 = 60 ;NUMBER OF TEETH　　　　　　　　　　　　设置工件共性变量

8 Q1606 = 3 ;MEASUREMENT INTERVAL　　　　　　　　　工件齿数

9 Q1607 = 253. ;C-AXIS MEASURING RADIUS　　　　　　　测量间隔数（每 3 齿测量 1 次）

10 Q1608 = 240. ;X-AXIS MEASURING RADIUS　　　　　　调整 C 轴零点的测量位置

11 ; …　　　　　　　　　　　　　　　　　　　　　　　调整 X 轴方向零点的测量位置

12 FN 17: SYSWRITE ID 507 NR1 IDX1 =+Q1600

13 FN 17: SYSWRITE ID 507 NR1 IDX2 =+Q1601　　　　　　给零点 1 赋值

14 FN 17: SYSWRITE ID 507 NR1 IDX3 =+Q1602

15 Q1610=1 ;NO. OF THE MEASURING TEETH

16 LBL 118　　　　　　　　　　　　　　　　　　　　　设置开始测量位置，可用于程序中断
　　　　　　　　　　　　　　　　　　　　　　　　　　　后输入断点位置重新开始

17 Q1611 =（Q167-1）*（360/Q1605*Q1606）

18 FN 17: SYSWRITE ID 508 NR1 IDX6 =+Q1611　　　　　　设置当前 C 轴的零点位置

19 LBL 120

20 CYCL DEF 247 DATUM SETTING ~

　　Q339=+1　;DATUM NUMBER　　　　　　　　　　　　零点 1 生效

21 L Z+200 F5000 M31

22 TOOL CALL 99 Z F100

23 L C+0 A0·F5000 M31

24 L X+260 Y0 Z+100 F3000

25 TCH PROBE 425 MEASURE INSIDE WIDTH ~　　　　　　测量循环 425 测量槽中心位置偏差

…　　　　　　　　　　　　　　　　　　　　　　　　　各测量参数

26 Q1612=Q157

27 Q1616=0

28 LBL 121

29 FN 18: SYSREAD Q1613 = ID508 NR1 IDX6

30 Q1614=2*ATAN（0.5*Q1612/Q1607）

31 Q1615=Q1613+Q1614

32 FN 17: SYSWRITE ID 508 NR1 IDX6 =+Q1615

33 CYCL DEF 247 DATUM SETTING ~

　　Q339=+1　;DATUM NUMBER　　　　　　　　　　　　据测量结果修正 C 轴零点

34 L C+0

35 TCH PROBE 425 MEASURE INSIDE WIDTH ~

...

36 Q1612=Q157　　　　　　　　　　　　　　据修正后的零点再次测量槽中心位置
　　　　　　　　　　　　　　　　　　　偏差

37 Q1617=ABS（Q1612）

38 FN 11: IF +Q1617 LT +0.01 GOTO LBL 122

39 Q1616=Q1616+1

40 FN 9: IF +Q1616 EQU +3 GOTO LBL 9998　　如公差小于 0.01mm 满足要求，则继续
　　　　　　　　　　　　　　　　　　　后面 X 轴零点测量

41 FN 18: SYSREAD Q1613 = ID508 NR1 IDX6　不满足要求则再次进行测量修正，最
　　　　　　　　　　　　　　　　　　　多重复 3 次测量

42 Q1614=2*ATAN（0.5*Q1612/Q1607）

43 Q1615=Q1613+Q1614

44 FN 17: SYSWRITE ID 508 NR1 IDX6 =+Q1615

45 FN 9: IF +0 EQU +0 GOTO LBL 121

46 LBL 122

47 FN 17: SYSWRITE ID 507 NR1 IDX1 =+Q1600

48 Q1616=0　　　　　　　　　　　　　　　设置半径方向 X 轴基准零点

49 LBL 123

50 CYCL DEF 247 DATUM SETTING ~

　　Q339=+1　;DATUM NUMBER

51 L X+240 Y+0 Z+100 F3000　　　　　　　零点 1 生效

52 TCH PROBE 427 MEASURE COORDINATE ~

...　　　　　　　　　　　　　　　　　　测量循环 427 测量 X 轴零点

55 FN 11: IF +Q1617 LT +0.02 GOTO LBL 124　如公差小于 0.02mm 满足要求，则进行

56 Q1616=Q1616+1　　　　　　　　　　　后续加工

57 FN 9: IF +Q1616 EQU +3 GOTO LBL 9998　不满足要求则再次进行测量修正，最
　　　　　　　　　　　　　　　　　　　多重复 3 次测量

58 FN 18: SYSREAD Q1613 = ID507 NR1 IDX1

59 Q1615=Q1613+Q1612-Q1608

60 FN 17: SYSWRITE ID 507 NR1 IDX1 =+Q1615

61 FN 9: IF +0 EQU +0 GOTO LBL 123

62 LBL 124

63 ;MACHINING SUB_PROGRAMS　　　　　进入加工程序

64 Q1610=Q1610+1

65 FN 9: IF（Q1605/Q1606+1）GT Q1610 GOTO LBL 118

66 Q1610=Q1610-1　　　　　　　　　　　下一组齿的测量修正及加工

67 L Z+500 F5000 M31 M91

68 L X+0 Y+0 C+0 A+0 F5000 M31 M91

69 CALL LBL 9999　　　　　　　　　　　加工完成后退至安全位置

70 LBL 9998

71 L Z+200 F5000 M31 M91

72 L X+0 Y+0 C+0 A+0 F5000 M31 M91 測量修正失敗後退至安全位置并報警

73 FN 14: ERROR= 1004

74 LBL 9999

75 END PGM HEI530_PROBING_ZERO_ADJUSTMENT MM

7.4.2　VERICUT 测头设置零点和零点调整仿真应用案例

1. 运行 VERICUT 应用程序打开项目文件

1）主菜单选择"文件"，在工具栏单击"打开项目"图标，系统弹出"打开项目 ..."对话框，如图 7-15 所示。

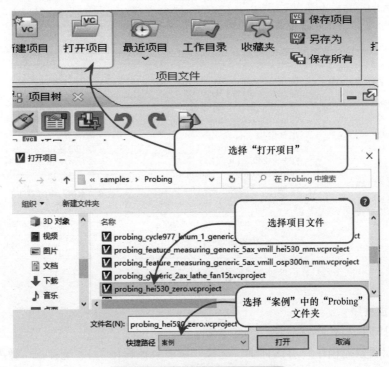

图 7-15　"打开项目 ..."对话框

2）在对话框右下侧"快捷路径"下拉列表中选择"案例"。

3）在"Probing"文件夹中选择项目文件"probing_hei530_zero.vcproject"。

2. 添加毛坯模型

1）在项目树中选择"Stock"组件📁**Stock (0, 0, 0)**。

2）在"配置组件:Stock"对话框中，选择"添加模型">"模型文件"，在对话框右下侧"快捷路径"下拉列表中选择"案例"。

3）在"Support_files"文件夹中选择模型文件"hei530_zero_part.stl"。

4）在项目树中选中"Stock"组件，选择界面左下方"配置组件">"移动"，"位置"对话框中输入"0 0 100"，"Stock"组件图标变为📁 **Stock (0, 0, 100)**。

3. 添加刀具库

1）在项目树中双击"加工刀具" 加工刀具，打开"刀具管理器"窗口。

2）在"刀具管理器"窗口中，选择"刀具"，单击打开文件按钮 ，系统弹出"打开..."对话框。

3）在对话框右下侧"快捷路径"下拉列表中选择"案例"。

4）在"TLS"文件夹中选择刀具库文件"hei530_zero_milling_tools.tls"。

5）单击"打开"按钮，如图7-16所示。

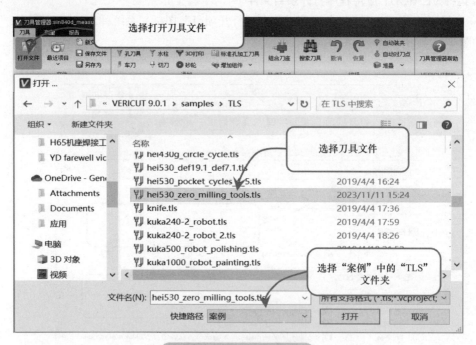

图7-16 添加刀具库文件

4. 添加数控程序

1）在项目树中选择"数控程序" 数控程序 。

2）在"配置数控程序"对话框中，选择"添加数控程序"，系统弹出"数控程序..."对话框。

3）在对话框右下侧"快捷路径"下拉列表中选择"案例"。

4）在"Support_files"文件夹中选择"hei530_probing_zero_setup.h"和"hei530_probing_zero_adjustment.h"这两个数控程序文件，单击"确定"按钮，将程序添加到"当前的数控程序"中。

5. 添加坐标系

1）在项目树中选择"坐标系统" 坐标系统 。

2）在"配置坐标系统"对话框中，选择"新建坐标系"。

3）单击"Csys1"坐标系栏，在左下角"配置坐标系统"中，选择 附上坐标系到 Stock 。

4）在视图窗口中单击毛坯，坐标系就会跟随到工件大平面中心，如图7-17所示。

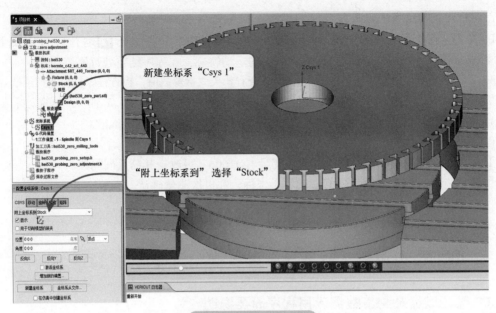

图 7-17 添加坐标系

6. 设置对刀方式

1）在项目树中选择"G-代码偏置" G-代码偏置。

2）在左下角"配置 G-代码偏置"中，"偏置"下拉列表选择"工作偏置"，"寄存器"选择"1"。

3）单击坐标系"Csys1"。

4）勾选"选择从/到定位"命令，"从"栏对应"特征"选择"组件"，"名字"选择"Spindle"，"到"栏对应"特征"选择"坐标原点"，"名字"选择"Csys1"，如图 7-18 所示。

5）单击"添加"按钮。

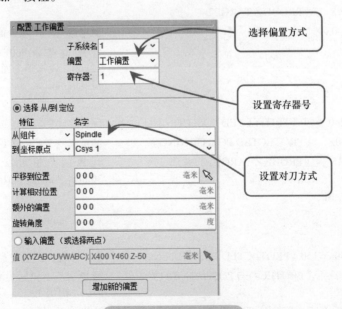

图 7-18 设置对刀方式

7. 运行设置零点程序的说明

1）右击 ▶ 设置程序模拟暂停方式，勾选 ☑各个文件的结束 ，单击 ▶ 运行设置零点程序 "hei530_probing_zero_setup.h"，可以看到测头的运动轨迹，在程序结束处暂停。

2）单击菜单"信息" > "变量" > "所有 ..."，查看相关变量及数值，检查程序是否达到预期效果，其中变量"Q1600""Q1601""Q1602"在本程序中用于显示零点中 X 轴、Y 轴、Z 轴的坐标值。

3）单击 ▶ 运行零点调整加工程序"hei530_probing_zero_adjustment.h"。

程序运行提示：

① 测头每 3 齿测量 1 次，加工 3 齿，变量"Q1606"可改变其测量间隔数。

② 测量齿中心位置偏差，修正 C 轴零点坐标，并再次测量确认。

③ 测量齿面位置，并对零点 X 轴修正。

④ 改变程序中相应变量，可适用于同型产品。

7.5　FANUC 系统毛坯测量及测量数据应用编程与仿真案例

7.5.1　毛坯测量及测量数据应用程序简要说明

毛坯测量及测量数据应用程序：fanuc30im_probing_O1000.MPF。

O1000	
N100 G90 G17 G40 G69	
N102 T99 M6	调用测头
N104 G21 G55	零点 G55
N106 G0 G43 Z100 H99	
N108 G65 P9703 X40. Y-170. M1（PROTECTED POSITIONING-PROBE ON）	打开测量测头
N110 G65 P9703 Z30.　（PROTECTED POSITIONING）	保护移动到测量位置
N112 G65 P9700 Z-15.　（PROBE Z TARGET）	
N114 #601=#102-20-0.01	测量法兰 1 实际 Z 值并输出到 #102 中
N116 G0 Z100.	计算偏差量 #601，其中理论值为 20mm，确保整个面能加工出再减修正量 0.01mm
N118 G65 P9703 X260. Y-70.（PROTECTED POSITIONING）	保护移动到测量位置
N120 G65 P9703 Z40.　（PROTECTED POSITIONING）	测量法兰 2 实际 Z 值并输出到 #102 中
N122 G65 P9700 Z-15.　（PROBE Z TARGET）	计算偏差量 #602，其中理论值为 30mm，修正量 0.01mm
N124 #602=#102-30-.01	
N126 G0 Z100.	
N128 G65 P9703 X40. Y-150.（PROTECTED POSITIONING）	保护移动到测量位置
N130 G65 P9703 Z30.　（PROTECTED POSITIONING）	测量法兰 1 实际中心坐标值并输出到 #100、#101 中
N132 G65 P9700 S50. Z-15.（PROBE TARGET DIA 50）	计算偏差量 #603、#604，其中理论中心值（40 −150）

N134 #603=#100-40 　　　（DEVIATION IN X）

N136 #604=#101+150.　　（DEVIATION IN Y）

N138 G0 Z100.

N140 G65 P9703 X260. Y-50.（PROTECTED POSITIONING）　　　　保护移动到测量位置

N142 G65 P9703 Z40.　　（PROTECTED POSITIONING）

N144 G65 P9700 S50. Z-15.（PROBE TARGET DIA 50）　　　　测量法兰 2 实际中心坐标值并输出到
#100、#101 中

N146 #605=#100-260　　（DEVIATION IN X）　　　　计算偏差量 #605、#606，其中理论中
心值（−260 −50）

N148 #606=#101+50.　　（DEVIATION IN Y）

N150 G0 Z100.

N152 G90 G17 G40 G69 G21

N154 G55

（T20_D32 D32.000 L50.000 H20）　　　　加工法兰平面

N156 T20 M06

N158 G90 G43 G0 Z100. H20

N160 G52 X#603 Y#604 Z#601　　　　加工法兰 1 偏置

N162 X45.218 Y-194.983 S1200 M3　　　　加工法兰 1 平面

…

N178 G0 Z100.

N180 G52 X0 Y0 Z0　　　　取消偏置

N182 G52 X#605 Y#606 Z#602　　　　加工法兰 2 偏置

N184 G0 X267.762 Y-94.777　　　　加工法 2 兰平面

…

N202 G0 Z100.

N204 G52 X0 Y0 Z0　　　　取消偏置

N206 T54 M06

N208 G90 G43 G0 Z100. H54　　　　钻法兰平面螺孔预孔

N210 G52 X#603 Y#604 Z#601　　　　加工法兰 1 偏置

N212 X40. Y-170. S1500 M3　　　　钻法兰面 1 螺孔预孔

…

N226 G0 Z100.　　　　取消偏置

N228 G52 X0 Y0 Z0

N230 G52 X#605 Y#606 Z#602　　　　加工法兰 2 偏置

N232 G0 X260. Y-70.　　　　钻法兰面 2 螺孔预孔

…

N248 G0 Z100.

N250 G52 X0 Y0 Z0　　　　取消偏置

N252 T59 M06

N254 G90 G43 G0 Z100. H59   攻法兰平面螺孔

N256 G52 X#603 Y#604 Z#601   加工法兰 1 偏置

N258 X40. Y-170. S200 M3   攻法兰面 1 螺孔

…

N272 G0 Z100.

N274 G52 X0 Y0 Z0   取消偏置

N276 G52 X#605 Y#606 Z#602   加工法兰 2 偏置

N278 G0 X260. Y-70.   攻法兰面 2 螺孔

…

N294 G0 Z100.

N296 G52 X0 Y0 Z0   取消偏置

M30   程序结束

%

7.5.2　VERICUT 毛坯测量及测量数据应用仿真案例

1. 运行 VERICUT 应用程序，打开项目文件

1）主菜单选择"文件"在工具栏单击"打开项目"图标，系统弹出"打开项目…"对话框，如图 7-19 所示。

图 7-19　"打开项目…"对话框

2）在对话框右下侧"快捷路径"下拉列表中选择"案例"。

3）在"Probing"文件夹中选择项目文件"probing_blum_generic_5ax_vmill_table_a_table_c_3d_fan30im.vcproject"。

2. 添加毛坯模型

1）在项目树中选择"Stock"组件⬚Stock (0, 0, 0)。

2）在"配置组件：Stock"对话框中，选择"添加模型">"模型文件"，在对话框右下侧"快捷路径"下拉列表中选择"案例"。

3）在"Support_files"文件夹中选择模型文件"fanuc30im_probing_stock.stl"。

4）在项目树中选中"fanuc30im_probing_stock"组件，选择界面左下方"配置组件">"移动"，"位置"对话框中输入"–150 100 100"。

5）在"配置组件：Design"对话框中，选择"添加模型">"模型文件"，在对话框右下侧"快捷路径"下拉列表中选择"案例"。

6）在"Support_files"文件夹中选择模型文件"fanuc30im_probing_part.stl"。

7）在项目树中选中"fanuc30im_probing_part"组件，选择界面左下方"配置组件">"移动"，"位置"对话框中输入"–150 100 100"。

3. 添加刀具库

1）在项目树中双击"加工刀具"🔧加工刀具，打开"刀具管理器"窗口。

2）在"刀具管理器"窗口中，单击"刀具"打开文件按钮📂，系统弹出"打开 ..."对话框。

3）在对话框右下侧"快捷路径"下拉列表中选择"案例"。

4）在"TLS"文件夹中选择刀具库文件"fanuc30im_probing_milling_tools.tls"。

5）单击"打开"按钮，如图 7-20 所示。

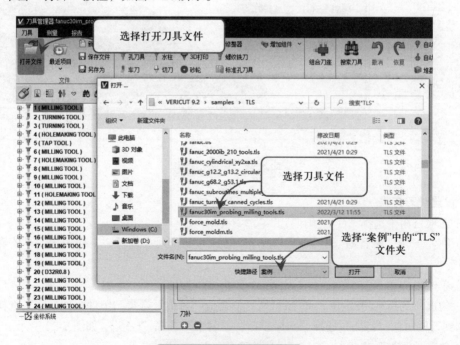

图 7-20　添加刀具库文件

4. 添加数控程序

1）在项目树中选择"数控程序" 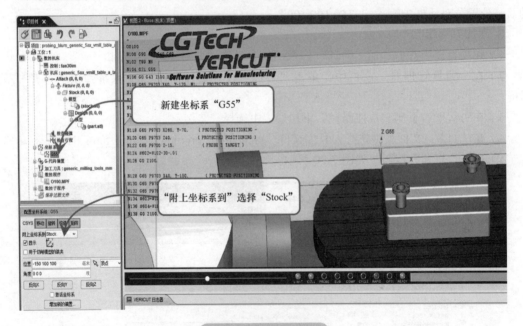 数控程序 。

2）在"配置数控程序"对话框中，选择"添加数控程序"，系统弹出"数控程序 ..."对话框。

3）在对话框右下侧"快捷路径"下拉列表中选择"案例"。

4）在"Support_files"文件夹中选择数控程序文件"fanuc30im_probing_O1000.MPF"和"fanuc30im_without_probing_O1001.MPF"，单击"确定"按钮，将程序添加到"当前的数控程序"中。

5. 添加坐标系

1）在项目树中选择"坐标系统" 坐标系统 。

2）在"配置坐标系统"对话框中，选择"新建坐标系"。

3）单击"Csys1"，重命名为"G55"。

4）单击"G55"坐标系栏，在左下角"配置坐标系统"中，选择 附上坐标系到 Stock ，并在"位置"文本框中输入"–150 100 100"。

5）在视图窗口中单击毛坯，坐标系就会跟随到顶面左上角，如图 7-21 所示。

图 7-21　添加坐标系

6. 设置对刀方式

1）在项目树中选择"G- 代码偏置" G- 代码偏置。

2）在左下角"配置 G- 代码偏置"中，"偏置"下拉列表选择"工作偏置"，"寄存器"选择"55"。

3）单击坐标系"G55"。

4）勾选"选择从/到定位"命令，"从"栏对应"特征"选择"组件"，"名字"选择"Spindle"，"到"栏对应"特征"选择"坐标原点"，"名字"选择"G55"，如图 7-22 所示。

5）单击"添加"按钮。

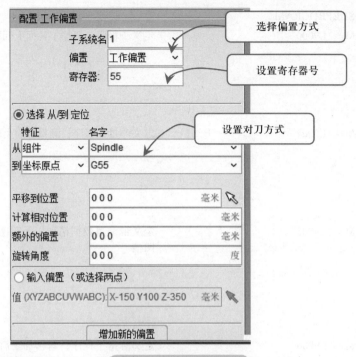

图 7-22　设置对刀方式

7. 运行程序说明

1）右击 ▶ 设置程序模拟暂停方式，勾选 ☑ 各个文件的结束，单击 ▶ 运行测量加工程序"fanuc30im_probing_O1000.MPF"，可以看到测头测量和加工的运动轨迹，加工位置会跟随毛坯位置的变化而变化，在程序结束处暂停。

2）单击 ▶ 运行没有测量只有加工的程序"fanuc30im_without_probing_O1001.MPF"，可看到多处碰撞、错误等报警。

3）修正零点和通过测量参数传递加工均可满足加工需求，具体可根据实际加工需要及设计意图等选择。

4）本例所示方法更适合大、中型、单件或少批量工件的加工。

7.6　SIEMENS 840D pl 系统加工精度测量及修正编程与仿真应用案例

工件在加工过程中由于存在各种误差，会导致加工结果与理论有差异，可根据需求在粗加工或半精加工后酌情用测头进行测量，据测量结果自动进行补偿，以达到加工要求。

7.6.1　加工精度测量及修正程序简要说明

加工精度测量及修正程序：sin840d_probing_trans_rot.mpf。

```
%_N_SIN840D_PROBING_TRANS_ROT_MPF
N10 T1 M6
N11 D1 S1559 F1000 M3
N12 G17 G54
N13 TRAORI
```

N14 DEF STRING SUBPROGRAM

N15 SUBPROGRAM= "L9000"　　　　　　　　　定义子程序，粗加工各面上凹槽

N16 L8000

N17 T99 M6

…

N21 SUBPROGRAM= "L9004"　　　　　　　　　定义测量子程序，测量各面上凹槽尺寸偏差

N22 L8001

N23 T1 M6

…

N28 SUBPROGRAM= "L9005"　　　　　　　　　定义带测量数据精加工子程序，精加工各面上
　　　　　　　　　　　　　　　　　　　　　凹槽

N29 L8002

N30 T99 M6

…

N34 SUBPROGRAM= "L9006"　　　　　　　　　定义测量子程序，对精加工后各面上的凹槽进
　　　　　　　　　　　　　　　　　　　　　行测量验证（实际加工中可能不需要，演示用）

N35 L8000

…　　　　　　　　　　　　　　　　　　　　其他加工程序，不作介绍

%_N_L8000_SPF

N115 G0 Z200　　　　　　　　　　　　　　　不带补偿修正的加工各面的子程序

N116 TRANS X22.5 Y22.5 Z145　　　　　　　　坐标系偏移到顶面

N117 CALL SUBPROGRAM　　　　　　　　　　加工、测量子程序

N118 TRANS　　　　　　　　　　　　　　　　取消坐标系偏移

N119 G0 Z250

N120 B30

N121 TRANS X22.5 Y22.5 Z145　　　　　　　　坐标系偏移

N122 ATRANS X22.5　　　　　　　　　　　　偏移后新坐标系再叠加 X 轴偏移

N123 AROT Y30　　　　　　　　　　　　　　新坐标系再叠加 Y 轴旋转

N124 ATRANS X22.5　　　　　　　　　　　　新坐标系再叠加 X 轴偏移

N125 AROT Z45　　　　　　　　　　　　　　新坐标系再叠加 Z 轴旋转

N126 CALL SUBPROGRAM　　　　　　　　　　加工子程序

N127 ROT　　　　　　　　　　　　　　　　　取消坐标系所有偏移和旋转

…　　　　　　　　　　　　　　　　　　　　其他各面加工

N159 M17

%_N_L9000_SPF

N160 G0 Z7.　　　　　　　　　　　　　　　　粗加工凹槽子程序

N161 G0 X0 Y0

N162 G01 Z-9.5 F20.	理论槽深 9.5mm，槽宽 24.5mm × 24.5mm
N163 G41 X7. Y0. F80.	
…	
N169 G40 X0 Y0	
N170 G0 Z20.	
N171 M17	
…	
%_N_L8001_SPF	
N193 G0 Z200	测量各面的子程序
N194 TRANS X22.5 Y22.5 Z145	
N195 CALL SUBPROGRAM	坐标系偏移到顶面
N196 R50=R80	测量顶面凹槽
N197 R51=R81	凹槽深度偏差 R50
N198 TRANS	凹槽宽度尺寸平均偏差 R51
N199 G0 Z250	取消坐标系偏移
N200 B30	
N201 TRANS X22.5 Y22.5 Z145	
N202 ATRANS X22.5	
N203 AROT Y30	
N204 ATRANS X22.5	
N205 AROT Z45	坐标系最终偏移旋转到斜面
N206 CALL SUBPROGRAM	测量顶面凹槽
N207 R52=R80	斜面凹槽深度偏差 R52
N208 R53=R81	斜面凹槽宽度尺寸平均偏差 R53
N209 ROT	取消坐标系偏移
…	
N251 M17	
%_N_L8002_SPF	含测量数据修正的加工各面上凹槽的子程序
N252 G0 Z200	
N253 TRANS X22.5 Y22.5 Z145	坐标系偏移到顶面
N254 ATRANS Z=-R50	对顶面凹槽深度尺寸进行修正
N255 OFFN=R51	对顶面凹槽宽度尺寸进行修正
N256 CALL SUBPROGRAM	精加工凹槽
N257 TRANS	取消坐标系偏移
N258 G0 Z250	
N259 B30	
N260 TRANS X22.5 Y22.5 Z145	
N261 ATRANS X22.5	
N262 AROT Y30	
N263 ATRANS X22.5	

N264 AROT Z45	坐标系最终偏移旋转到斜面
N265 ATRANS Z=−R52	对斜面凹槽深度尺寸进行修正
N266 OFFN=R53	对斜面凹槽宽度尺寸进行修正
N267 CALL SUBPROGRAM	精加工凹槽
N268 ROT	取消坐标系所有偏移和旋转
…	其他各面精加工
N312 M17	

%_N_L9004_SPF	精加工后测量子程序
N313 G0 X0. Y0.	
N314 Z20.	
N315_MVAR=100_MA=3_FA=3.00_TSA=4.00_ KNUM=0	测量参数
N316_PRNUM=1_NMSP=1_VMS=0_CBIT[14]=1	
N317_SETVAL=−9.5	测量坐标值为 −9.5mm
N318 CYCLE978	平面测量
N319 R80=_OVR[19]	测量后偏差数据存于 R80 中
N320 Z20.	

N321 G0 X0. Y0.	
N322 Z20.	
N323 Z-5.	
N324_MVAR=105_MA=3_FA=3.00_TSA=4.00_ KNUM=0	测量参数
N325_PRNUM=1_NMSP=1_VMS=0_CBIT[14]=1	
N326_SETV[0]=24.5	凹槽 X 轴宽度尺寸值为 24.5mm
N327_SETV[1]=24.5	凹槽 Y 轴宽度尺寸值为 24.5mm
N328 CYCLE977	矩形测量
N329 R81=(_OVR[16]+_OVR[17])/4	测量偏差数据取均值后存于 R81 中
N330 Z20.	
N331 M17	
%_N_L9005_SPF	精加工凹槽子程序
N332 G0 Z7.	
N333 G0 X0 Y0	理论槽深 10mm，槽宽 25mm × 25mm
N334 G01 Z-10 F20.	
N335 G41 X7.25 Y0. F80.	
…	
N341 G40 X0 Y0	
N342 G0 Z20.	
N343 M17	

%_N_L9006_SPF	精加工后测量子程序
N344 G0 X0. Y0.	
N345 Z20.	
N346 _MVAR=100 _MA=3 _FA=3.00 _TSA=4.00 _KNUM=0	测量参数
N347 _PRNUM=1 _NMSP=1 _VMS=0 _CBIT[14]=1	
N348 _SETVAL=–7.	测量坐标值为 –7
N349 CYCLE978	平面测量
N350 Z20.	
N351 G0 X0. Y0.	
N352 Z20.	
N353 Z-5.	
N354 _MVAR=105 _MA=3 _FA=3.00 _TSA=4.00 _KNUM=0	测量参数
N355 _PRNUM=1 _NMSP=1 _VMS=0 _CBIT[14]=1	
N356 _SETV[0]=25.	凹槽 X 轴宽度尺寸值为 25mm
N357 _SETV[1]=25.	凹槽 Y 轴宽度尺寸值为 25mm
N358 CYCLE977	矩形测量
N359 Z20.	
N360 M17	

7.6.2　VERICUT 加工精度测量及修正仿真应用案例

1. 运行 VERICUT 应用程序打开项目文件

1）主菜单选择"文件"，在工具栏单击"打开项目"图标，系统弹出"打开项目..."对话框，如图 7-23 所示。

2）在对话框右下侧"快捷路径"下拉列表中选择"案例"。

3）在"Probing"文件夹中选择项目文件"probing_trans_rot_generic_5ax_vmill_head_b_table_c_3d_sin840d.vcproject"。

2. 添加毛坯模型

1）在项目树中选择"Stock"组件 Stock (0, 0, 0)。

2）在"配置组件：Stock"对话框中，选择"添加模型" > "模型文件"，在对话框右下侧"快捷路径"下拉列表中选择"案例"。

3）在"Support_files"文件夹中选择模型文件"sin840d_frames_sample.swp"。

在项目树中选中"sin840d_frames_sample.swp"组件，选择界面左下方"配置组件" > "移动"，"位置"对话框中输入"–160 22.5 305.5"，"角度"对话框中输入"90 0 0"。

4）继续在"配置组件：Stock"对话框中选择"添加模型" > "立方体"，"长"中输入"320"，"宽"中输入"45"，"高"中输入"100"；并在"移动" > "位置"对话框中输入"–160 –22.5 183"。

5）继续在"配置组件：Stock"对话框中选择"添加模型" > "模型文件"，在对话框右下侧"快捷路径"下拉列表中选择"案例"。

图 7-23 "打开项目 ..." 对话框

6）在 "Support_files" 文件夹中选择模型文件 "sin840d_frames_sample.swp"。

在项目树中选中 "sin840d_frames_sample.swp" 组件，选择界面左下方 "配置组件" > "移动"，"位置" 对话框中输入 "−77.03 22.5 283"，"角度" 对话框中输入 "90 0 0"。

7）继续在 "配置组件：Stock" 对话框中，选择 "添加模型" > "立方体"，"长" 中输入 "90"，"宽" 中输入 "45"，"高" 中输入 "60"；并在 "移动" > "位置" 对话框中输入 "−160 −22.5 245.5"。

3. 添加刀具库

1）在项目树中双击 "加工刀具" 加工刀具，打开 "刀具管理器" 窗口。

2）在 "刀具管理器" 窗口中，单击 "刀具" 打开文件按钮，系统弹出 "打开 ..." 对话框。

3）在对话框右下侧 "快捷路径" 下拉列表中选择 "案例"。

4）在 "TLS" 文件夹中选择刀具库文件 "sin840d_probing_trans_rot.tls"。

5）单击 "打开" 按钮，如图 7-24 所示。

4. 添加数控程序

1）在项目树中选择 "数控程序" 数控程序 。

2）在 "配置数控程序" 对话框中，选择 "添加数控程序"，系统弹出 "数控程序 ..." 对话框。

3）在对话框右下侧 "快捷路径" 下拉列表中选择 "案例"。

4）在 "Support_files" 文件夹中选择数控程序文件 "sin840d_probing_trans_rot.mpf"，单击 "确定" 按钮，将程序添加到 "当前的数控程序" 中。

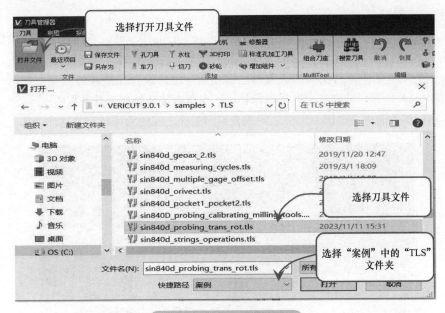

图 7-24 添加刀具库文件

5. 设置对刀方式

1）在项目树中选择"G- 代码偏置"。

2）在左下角"配置 G- 代码偏置"中，"偏置"下拉列表选择"基础工作偏置"。

3）单击"添加"按钮。

4）勾选"选择从/到定位"命令，"从"栏对应"特征"选择"组件"，"名字"选择"Spindle"，"到"栏对应"特征"选择"组件"，"名字"选择"Stock"，如图 7-25 所示。

5）并在"平移到位置"文本框中输入"–160 –22.5 183"。

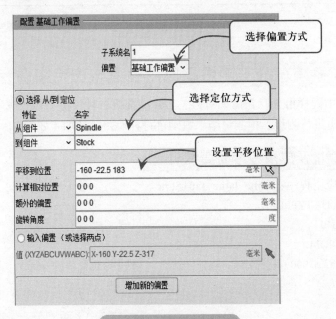

图 7-25 设置对刀方式

6. 运行程序说明

1）单击 ▶ 运行加工程序"sin840d_probing_trans_rot.mpf"，可以看到各个面上的矩形槽粗加工、测量、测量修正后的精加工、再测量及其后续加工，结果如图7-26所示。

2）本例所示常见于刀具实际值或刀具已磨损后与理论值存在差异的修正。当然，实际应用时可在测得偏差数据后结合经验数据进行补偿，也可直接补偿在刀具参数中。

3）本例所示方法也适合同一工件之间或者不同工件之间的特征具有关联性的加工。

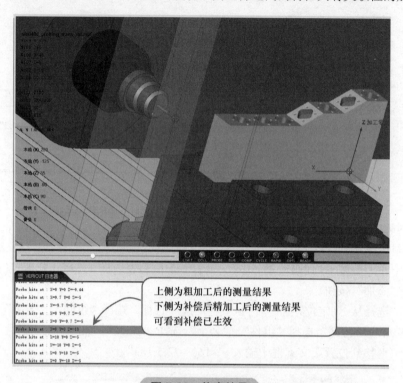

图7-26　仿真结果

7.7　FANUC 系统车加工测量及应用编程与仿真案例

工件车削过程中同样由于存在诸如对刀、刀片磨损等各种误差，可根据实际需要在粗加工或半精加工后用测头进行测量，据测量结果自动进行补偿，达到加工要求。

7.7.1　车加工测量及应用程序简要说明

车加工测量及应用程序：probe_lathe_fan15t.nc。

```
O1234( PROBE STYLUS TYPES)
N100 G80 G90 G18 G40
N101 T101 (12 MM DRILL)
N102 G54 X0 Z5.1 M13 S1000          工件中心位置钻φ12mm 孔
N103 G99 G1 Z-50.8 F.2
N104 G0 Z5.1
N105 G0 X101.6 Z50.8 M15
```

N106 T202 (80 DEG DIAMOND)　　　　　　　　　换外圆车刀

N107 G0 X81.3 Z1. M4 S500

…

N122 G0 X52.　　　　　　　　　　　　　　　　　粗车外圆、端面及倒角

N123 G1 Z-24.　　　　　　　　　　　　　　　　　其中外圆车至 $\phi52$mm

…

N129 G0 Z100. X150. M5

N130 T404　　　　　　　　　　　　　　　　　　　换内孔车刀

N131 G0 Z15.

N132 G0 X19.05 M4 S500　　　　　　　　　　　　车内孔

…

N140 G0 X152.4 Z100. M5

N141 T606　　　　　　　　　　　　　　　　　　　换内孔割槽刀

N142 G0 Z15.

N143 G0 X22.9 M4 S300　　　　　　　　　　　　　车内孔槽

…

N153 G0 X150. Z100.

N154 T202 (80 DEG DIAMOND)

N155 G0 Z15.　　　　　　　　　　　　　　　　　换外圆车刀 半精车

N156 G0 X81.3

N157 G0 X50. Z.5 M4 S500　　　　　　　　　　　半精车端面余量 0.5mm

N158 G99 G1 X20. F.2

N159 G0 Z2.5

N160 G0 X37, Z2.5

N161 G1 X51. Z-4.5　　　　　　　　　　　　　　外圆倒角

N162 G1 Z-24.5　　　　　　　　　　　　　　　　半精车外圆至 $\phi51$mm

N163 X72.

N164 G0 X77. Z5

N165 G0 X150. Z100. M5

N166 T0909 (PROBE-SEMI-SPHERE)　　　　　　　换半球型测头

N167 G0 Z15.

N168 G0 X80.

N169 Z5.

N170 G98 G1 Z-20. F254　　　　　　　　　　　　测头在 X 轴正向位置测量

N171 G31 X50. F254　　　　　　　　　　　　　　测量工件

N172 #100=ABS[#5061-#7000]　　　　　　　　　计算在 X 轴正向的工件半径值并存在变量 #100 中，其中 #5061 为 X 轴测量跳转信号位置的工件坐标值，#7000 为测头半径

N173 G0 Z15.

N174 G0 X-80.

N175 Z5.

N176 G1 Z-20.

N177 G31 X-50. F254

N178 #101=ABS[#5061+#7000]　　　　　　　测头在 X 轴负向测量

N179 G0 Z15.　　　　　　　　　　　　　测量工件

N180 G0 X0.　　　　　　　　　　　　　计算在 X 轴负向的工件半径值并存在变量 #101 中

N181 #113=#100+#101　　　　　　　　　计算工件实际直径值保存在 #113 中

N182 G0 Z100.

N183 T202 (80 DEG DIAMOND)　　　　　　换外圆车刀精车到尺寸

N184 G52 X[51-#113]　　　　　　　　　利用半精车后的测量结果参数 #113，对精车外圆尺寸进行微调修正

N185 G0 Z15.

N186 G0 X81.3

N187 G0 X50. Z0. M4 S500

N188 G99 G1 X20. F.2

N189 G0 Z2.5　　　　　　　　　　　　精车端面

N190 G0 X35. Z2.5　　　　　　　　　　外圆倒角

N191 G1 X50. Z-5.　　　　　　　　　　精车外圆 ϕ50mm

N192 G1 Z-25.

N193 X72.

N194 G0 X77. Z5

N195 G0 X150. Z100. M5

N196 G52 X0 Z0　　　　　　　　　　　取消偏置

N197 T0909 (PROBE-SEMI-SPHERE)　　　换半球型测头测量最终工件尺寸

N198 G0 Z15.

N199 G0 X80.

N200 Z5.

N201 G98 G1 Z-20. F254　　　　　　　测头在 X 轴正向测量

N202 G31 X50. F254　　　　　　　　　测量工件

N203 #100=ABS[#5061-#7000]　　　　　计算在 X 轴正向的工件半径值并存在变量 #100 中

N204 G0 Z15.

N205 G0 X-80.

N206 Z5.

N207 G1 Z-20.　　　　　　　　　　　测头在 X 轴负向测量

N208 G31 X-50. F254　　　　　　　　测量工件

N209 #101=ABS[#5061+#7000]　　　　　计算在 X 轴负向的工件半径值并存在变量 #101 中

N210 G0 Z15.

N211 G0 X0.

N212 #114=#100+#101　　　　　　　　　　　　　计算工件最终直径值保存在 #114 中

N213 G0 Z100.

N214 M30

7.7.2　VERICUT 车加工测量及应用仿真案例

1. 运行 VERICUT 应用程序，打开项目文件

1）主菜单选择"文件"，在"工具栏"单击"打开项目"图标，系统弹出"打开项目 ..."对话框，如图 7-27 所示。

2）在对话框右下侧"快捷路径"下拉列表中选择"案例"。

3）在"Probing"文件夹中选择项目文件"probing_generic_2ax_lathe_fan15t.vcproject"。

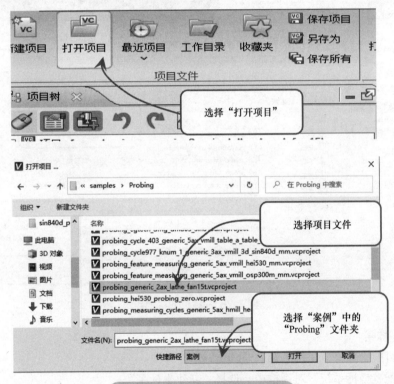

图 7-27　"打开项目 ..."对话框

2. 添加毛坯模型

1）在项目树中选择"Stock"组件 Stock (0, 0, 0)。

2）在"配置模型：Stock"对话框中，选择"添加模型">"圆柱体"，"高"输入"47.99"，"半径"输入"38.1"；并在"移动">"位置"对话框中输入"0 0 107.68"。

3. 添加刀具库

1）在项目树中双击"加工刀具" 加工刀具，打开"刀具管理器"窗口。

2）在"刀具管理器"窗口中，单击"刀具"打开文件按钮 ，系统弹出"打开 ..."对

话框。

3）在对话框右下侧"快捷路径"下拉列表中选择"案例"。

4）在"TLS"文件夹中选择刀具库文件"probe_lathe_fan15t.tls"。

5）单击"打开"按钮，如图7-28所示。

4. 添加数控程序

1）在项目树中选择"数控程序" 📖 数控程序 。

2）在"配置数控程序"对话框中，选择"添加数控程序"，系统弹出"数控程序 ..."对话框。

3）在对话框右下侧"快捷路径"下拉列表中选择"案例"。

4）在"Support_files"文件夹中选择数控程序文件"probe_lathe_fan15t.nc"，单击"确定"按钮，将程序添加到"当前的数控程序"中。

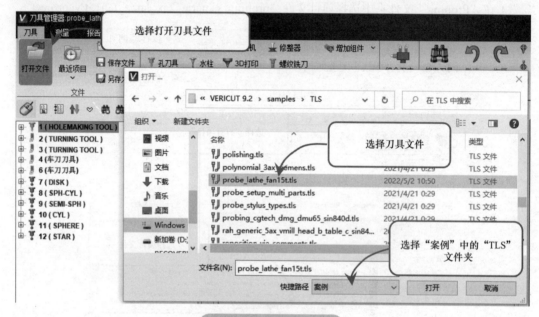

图7-28 添加刀具文件

5. 添加坐标系

1）在项目树中选择"坐标系统" 🔧 坐标系统 。

2）在"配置坐标系统"对话框中，选择"新建坐标系"。

3）单击"Csys1"，重命名为"Program_Zero"。

4）单击"Program_Zero"坐标系栏，在左下角"配置坐标系统"中，选择 附上坐标系到Stock ∨ ，并在"位置"文本框中输入"0 0 151.13"。

5）在视图窗口中单击毛坯，坐标系就会跟随到顶面左上角，如图7-29所示。

6. 设置对刀方式

1）在项目树中选择"G- 代码偏置"。

2）在左下角"配置 G- 代码偏置"中，"偏置"下拉列表选择"工作偏置"。

3）单击"添加"按钮。

4）勾选"选择从/到定位"命令，"从"栏对应"特征"选择"组件"，"名字"选择"Turret"，"到"栏对应"特征"选择"坐标原点"，"名字"选择"Program_Zero"，如图7-30所示。

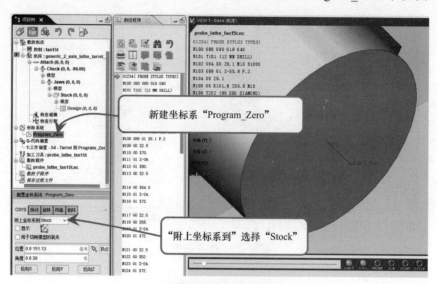

图 7-29　添加坐标系

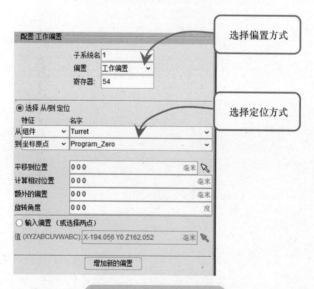

图 7-30　设置对刀方式

7. 运行程序说明

1）单击 ▶ 运行加工程序"probe_lathe_fan15t.nc"，可看到工件从粗车、半精车、测量、测量修正后的精车及最终测量的整个过程，结果如图7-31所示。

2）据程序半精车时外圆应车至φ51mm，由测量可知实际车到φ51.09mm（即#113所示），有0.09mm有偏差，通过在精车程序中修正，最终外圆精车至所要求的尺寸φ50mm（即#114所示）。

3）本例的测量及修正仅是最常见的一种方法，实际应用时需要根据工件实际尺寸的要求及后续补偿方式，选择最合适的测量方法，在考虑测量误差、参考经验数据等相关因素后对测量数据进行处理，根据实际需求相应补偿在如程序、零点、刀具长度磨耗、刀尖半径磨耗等要素中，从而达到最终加工需求。

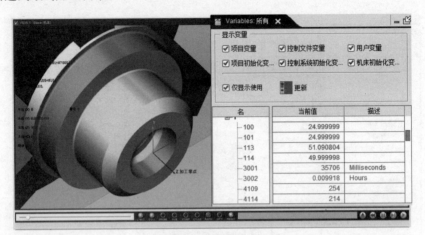

图 7-31   仿真结果

第8章

8

基于 SIEMENS NX 接口仿真模板应用

8.1 SIEMENS NX 接口介绍

SIEMENS NX 与 VERICUT 接口（简称 NXV）是基于 OPEN API 开发的第三方软件接口，通过人机交互式界面，实现 NX 与 VERICUT 之间的数据传递，使用前必须获得 Unigraphics Interface 的许可证（License），如图 8-1 所示。

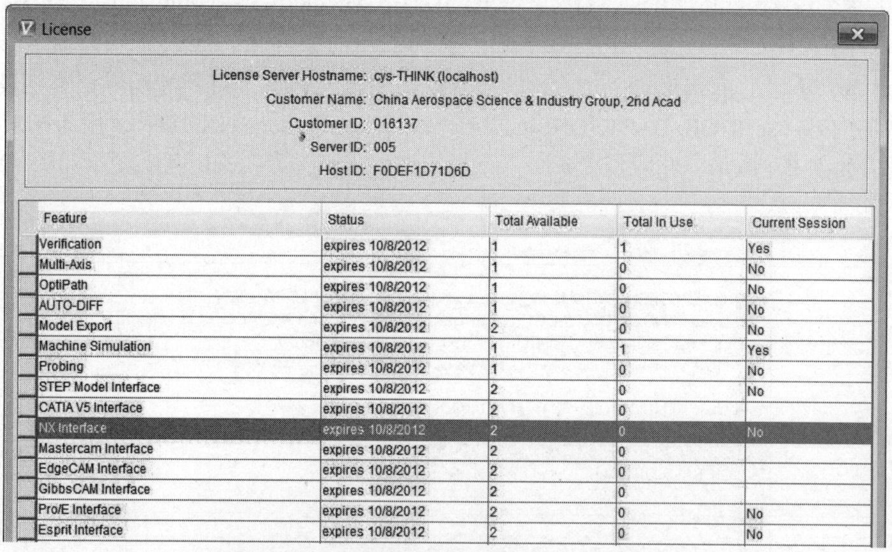

Feature	Status	Total Available	Total In Use	Current Session
Verification	expires 10/8/2012	1	1	Yes
Multi-Axis	expires 10/8/2012	1	0	No
OptiPath	expires 10/8/2012	1	0	No
AUTO-DIFF	expires 10/8/2012	1	0	No
Model Export	expires 10/8/2012	2	0	No
Machine Simulation	expires 10/8/2012	1	1	Yes
Probing	expires 10/8/2012	1	0	No
STEP Model Interface	expires 10/8/2012	2	0	No
CATIA V5 Interface	expires 10/8/2012	2	0	
NX Interface	expires 10/8/2012	2	0	No
Mastercam Interface	expires 10/8/2012	2	0	
EdgeCAM Interface	expires 10/8/2012	2	0	
GibbsCAM Interface	expires 10/8/2012	2	0	
Pro/E Interface	expires 10/8/2012	2	0	No
Esprit Interface	expires 10/8/2012	2	0	No

License Server Hostname: cys-THINK (localhost)
Customer Name: China Aerospace Science & Industry Group, 2nd Acad
Customer ID: 016137
Server ID: 005
Host ID: F0DEF1D71D6D

图 8-1　SIEMENS NX 的许可证（License）

使用 NXV，可实现 SIEMENS NX 与 VERICUT 之间的无缝连接，能够简化 NC 程序仿真流程，操作更加简便，降低对软件使用者的技术水平要求，这样编程人员能快速地验证和优化 NC 程序。

本章使用软件及版本为 NX2019 及 VERICUT9.1.1。

8.2 SIEMENS NX 接口配置

提示：本章 VERICUT 样例文件和影音文件可通过扫描本书前言中的二维码获取并下载到本地指定位置。

VERICUT 提供从 NX5.0 到 NX12.0 版本的接口。针对不同的 NX 版本，VERICUT 配置不同的安装插件，必须一一对应，否则无法实现接口集成。NX12 以上版本需使用 OPEN API 开发。

NXV 接口配置过程如下。

1. 配置接口环境变量

NXV 接口需要设置 "CGTECH_INSTALL" "CGTECH_PRODUCTS" "LSHOST" "CGTECH_SINGLE_PLATFORM" 四个环境变量，见表 8-1。

表 8-1   NXV 接口环境变量设置

序号	变量名称	变量设置
1	CGTECH_INSTALL	C:\Program Files\CGTech\VERICUT ×.×.×
2	CGTECH_PRODUCTS	C:\Program Files\CGTech\VERICUT ×.×.×\windows64
3	LSHOST	localhost
4	CGTECH_SINGLE_PLATFORM	YES

2. 创建 NXV 启动图标

按 目 录 "C:\Program Files\CGTech\VERICUT9.1.1\windows64\commands" 找 到 最 接 近 NX2019 版本的 BAT 文件 "nx_cr_1926.bat"，复制在当前文件夹，"nx_cr_1926.bat" 更改名称 为 "nx_cr_2019.bat"，右击文件 "nx_cr_2019.bat"，单击 "编辑" 打开（即以记事本打开），在 文本中增加内容 "set UGII_BASE_DIR=C:\Program Files\Siemens\NX2007"，用于指定运行 NX 的主目录，如图 8-2 所示，完成后保存。

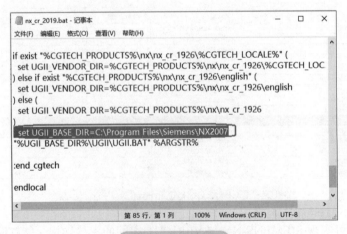

图 8-2   增加路径

右击文件 "nx_cr_2019.bat"，创建桌面快捷方式，如图 8-3 所示。

图 8-3   桌面快捷方式 "nx_cr_2019.bat"

3. 打开编程文件"S-SHAPE-1B.prt"（见图 8-4）

图 8-4　编程文件

4. 搜索"VERICUT"图标

在 NX2019 界面下按快捷键〈Ctrl+1〉，立即出现"定制"对话框，在"命令"标签页的"搜索"栏中输入文本"vericut"，在下方出现"VERICUT"图标，如图 8-5 所示。

图 8-5　搜索"VERICUT"图标

单击右侧"VERICUT"图标并拖至左侧 NX2019 菜单工具栏，如图 8-6 所示，至此完成 NX 与 VERICUT 接口构建。

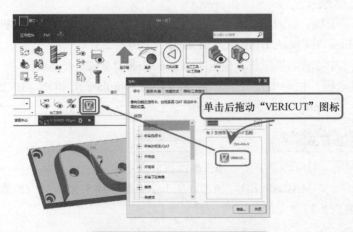

图 8-6　拖动"VERICUT"图标

8.3 SIEMENS NXV 接口应用

8.3.1 定义文件保存目录

在 NX2019 菜单工具栏界面单击"VERICUT"图标，立即出现"VERICUT 接口 9.0.7(8.0)"对话框，在"输出目录"栏中自动出现保存目录"D:\Work\Machine_Template\S-SHAPE\"；更改保存目录为"D:\Work\Machine_Template\S-SHAPE\VT---BF2560---NX"，如图 8-7 所示。

图 8-7 定义文件保存目录

8.3.2 定义仿真项目文件名

在"文件名"栏中自动出现项目名称"S-SHAPE-1B"，更改项目名称为"S-SHAPE-1B-NX"，如图 8-7 所示。

 提示：项目名称"S-SHAPE-1B-NX"对应编程文件"S-SHAPE-1B.prt"。

8.3.3 调用项目模板

1）单击"项目模板"后面的"打开"按钮，在打开的窗口输入 BF2560 机床模板的保存目录"D:\Work\Machine_Template\HISION---BF2560---2020.12.23"。

2）双击该目录中存放的机床仿真模板"BF2560---2021.01.21.vcproject"。

3）在"项目模板"栏中出现"D:\Work\Machine_Template\HISION---BF2560---2020.12.23\BF2560---2021.01.21.vcproject"，如图 8-7 所示。

8.3.4 工位定位方式

工件为两面加工，对应两个工位，加工时两次装夹定位。

1）第一面工位"A-MACHINE-1"加工，加工原点按"加工坐标 1"，位置装夹按"加工坐标 1"，程序清单见表 8-2。

表 8-2　工位 1 程序清单

表 8-2　工位 1 程序清单

序号	程序名	刀具
1	S-SHAPEB01.MPF	T1 D20R3
2	S-SHAPEB02.MPF	T1 D20R3

2）第二面工位"A-MACHINE-2"加工，加工原点按"加工坐标 2"，位置装夹按"加工坐标 2"，程序清单见表 8-3。

表 8-3　工位 2 程序清单

序号	程序名	刀具
1	S-SHAPEB03.MPF	T1 D20R3
2	S-SHAPEB04.MPF	T2 D20R3
3	S-SHAPEB05.MPF	T3 D20R3

3）工件模拟仿真自 NX 代入 VERICUT 时，工位定位方式见表 8-4。

表 8-4　工位定位方式

序号	工位	定位方式	装夹点
1	A-MACHINE-1	Model Location	加工坐标 1
2	A-MACHINE-2	Model Location	加工坐标 2

8.3.5　设置工位"A-MACHINE-1"

在"操作"标签页选中"A-MACHINE-1"，使"A-MACHINE-1"一行当前显示暗黑色，表示工位"A-MACHINE-1"处于激活状态，后续所有操作仅对"A-MACHINE-1"有效，包括"模型""NC 程序""G 代码偏置"等标签页，如图 8-8 所示。

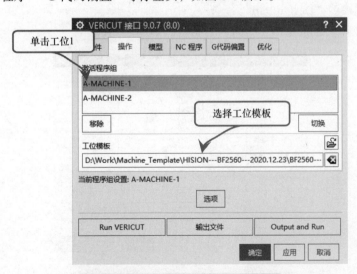

图 8-8　工位"A-MACHINE-1"选项

 提示：此时窗口下方显示"当前程序组设置：A-MACHINE-1"，如图 8-8 所示。

1. 调用工位模板

1）单击"操作"标签页中"工位模板"后面的"打开"按钮，在打开的窗口输入 BF2560 机床模板的保存目录"D:\Work\Machine_Template\HISION---BF2560---2020.12.23"。

2）双击该目录中存放的机床仿真模板"BF2560---2021.01.21.vcproject"。

3）在"工位模板"栏中出现"D:\Work\Machine_Template\HISION---BF2560---2020.12.23\BF2560---2021.01.21.vcproject"，如图 8-8 所示。

2. 调用模型

1）选择装夹定位点。

单击"模型"标签页中坐标"Model Location"图标 > "选择"，如图 8-9 所示，在 NX 界面中单击编程坐标系"加工坐标 1"。

图 8-9　坐标选择

2）选择工件模型"Design/Part"。

单击工件模型"Design/Part"图标 > "选择"，如图 8-10 所示。

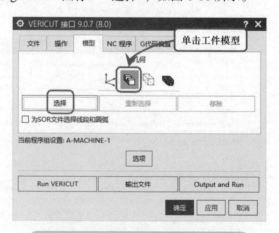

图 8-10　选择工件模型"Design/Part"

出现"选择 Part"对话框，单击"选择对象"图标，此时选择对象显示为"选择对象（0）"，单击右侧工件模型，如图 8-11 所示。

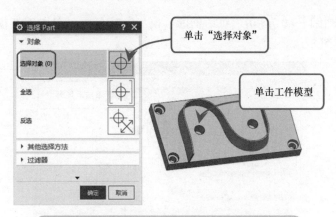

图 8-11 "选择 Part" 对话框——选择对象（0）

此时，选择对象显示为"√选择对象（1）"，如图 8-12 所示。

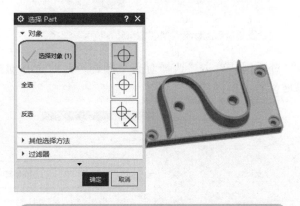

图 8-12 "选择 Part" 对话框——选择对象（1）

单击"确定"按钮，完成工件模型"Design/Part"选择。

3）选择毛坯模型"Stock/Blank"。

在 NXV 界面，单击左侧"部件导航器"图标，单击中间毛坯模型"显示／隐藏"图标，右侧毛坯模型处于显示状态，如图 8-13 所示。

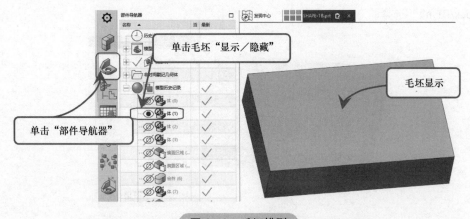

图 8-13　毛坯模型

在"VERICUT 接口 9.0.7(8.0)"对话框的"模型"标签页，单击毛坯模型"Stock/Blank"图标 >"选择"，如图 8-14 所示。

图 8-14   毛坯模型"Stock/Blank"选择

出现"选择 Stock"对话框，单击"选择对象"图标，此时选择对象显示为"选择对象（0）"，单击左侧毛坯模型，如图 8-15 所示。

图 8-15   "选择 Stock"对话框——选择对象（0）

此时，选择对象显示为"√选择对象（1）"，如图 8-16 所示。单击"确定"按钮，完成毛坯"Stock/Blank"选择。

图 8-16   "选择 Stock"对话框——选择对象（1）

3. 调用 NC 程序

在"NC 程序"标签页中勾选"选择存在的 NC 程序",单击"添加",在目录"D:\Work\Machine_Template\S-SHAPE\VT---BF2560-NX\NC"下选择程序"S-SHAPEB01.MPF""S-SHA-PEB02.MPF",如图 8-17 所示。

图 8-17　调用 NC 程序

4. 选择 G 代码偏置

在"G 代码偏置"标签页的"偏置名"栏中输入"工作偏置",或在下拉列表中选择"工作偏置"。在子系统栏中输入"1"。在寄存器号栏中输入"54"(注:对应 G54,若填写"55"则对应 G55)。在"From 组件"栏中输入"A"或在下拉列表中选择"A",表示 A 轴对刀偏置并指向工位"A-MACHINE-1"中"加工坐标 1"(即 G 代码偏置"A 到加工坐标 1");单击"添加",则空白文本框中出现"工作偏置,Subsys:1,Reg:54,From:A,To:加工坐标 1",如图 8-18 所示。

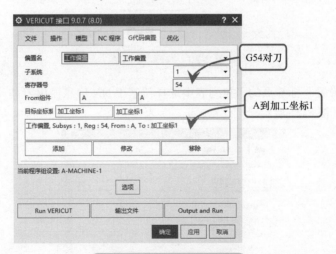

图 8-18　选择 G 代码偏置

5. 设置接口选项

在"G 代码偏置"标签页中单击"选项",如图 8-19 所示,立即出现对应的"VERICUT 接口选项"对话框,如图 8-20 所示。

1)在"模型"标签页中,"输出模型类型"勾选为"STL","设计模型"和"毛坯"公差为"0.1000","输出模型关联于"勾选"MCS/Coordinate System",如图 8-20 所示。

图 8-19　VERICUT 接口选项

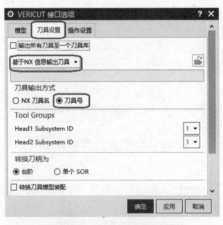

图 8-20　"模型"选项

2）在"刀具设置"标签页的下拉列表中选择"基于 NX 信息输出刀具","刀具输出方式"勾选"刀具号",如图 8-21 所示。

图 8-21　"刀具设置"选项

3）在"操作设置"标签页中，勾选"使用模板中的视图窗口"，单击"确定"按钮，完成"VERICUT 接口选项"设置，如图 8-22 所示。

图 8-22 "操作设置"选项

8.3.6 设置工位"A-MACHINE-2"

在"操作"标签页选中"A-MACHINE-2"图标，使"A-MACHINE-2"一行当前显示暗黑色，表示工位"A-MACHINE-2"处于激活状态，后续所有操作仅对"A-MACHINE-2"有效，参考工位"A-MACHINE-1"操作方法，完成"模型""NC 程序""G 代码偏置"等标签页的选项操作，如图 8-23 所示。

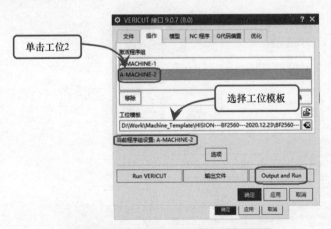

图 8-23 工位"A-MACHINE-2"选项

 提示： 此时窗口下方显示"当前程序组设置：A-MACHINE-2"，如图 8-23 所示。

8.3.7 生成并运行新项目

单击 "Output and Run" 按钮（输出并运行本项目的 VERICUT 仿真文件），如图 8-23 所示。按仿真模板将 NX 编程环境代入仿真界面，开始进行数控程序模拟，如图 8-24 所示。

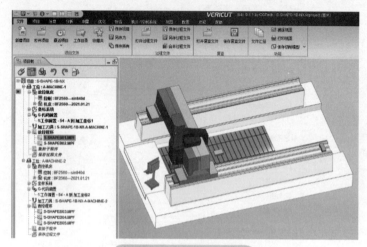

图 8-24 程序仿真界面

8.3.8 调整毛坯/工件位置

1）单击 "显示机床组件" 图标 > 工位 "A-MACHINE-1" > 夹具 "Fixture"，选择 "相对于上级组件位置"，在 "位置" 栏中输入 "0 0 40"，在其他任意栏中单击或按〈Enter〉键确认，则毛坯自动抬起 40mm，如图 8-25 所示。

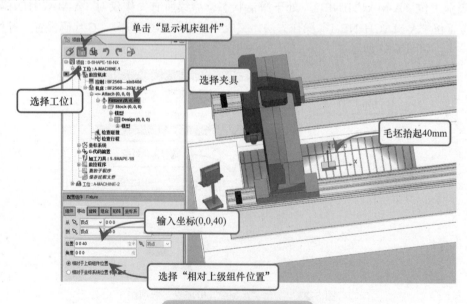

图 8-25 工位 1 毛坯抬起

2）单击工位 "A-MACHINE-2" > 夹具 "Fixture"，选择 "相对于上级组件位置"，在 "位置" 栏中输入 "0 0 70"，在其他任意栏中单击或按〈Enter〉键确认，则毛坯自动抬起 70mm，如图 8-26 所示。

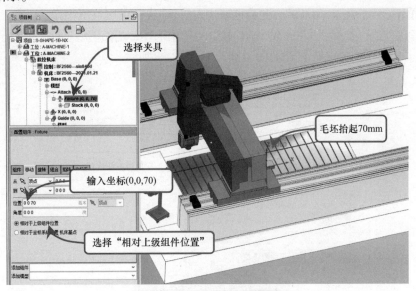

图 8-26　工位 2 毛坯抬起

8.3.9　检查毛坯／工件坐标

1）单击"显示机床组件"图标 >"工位：A-MACHINE-1" > 毛坯模型"（S-SHAPE-1B-NX_stk_1.stl）"，"配置模型"中"位置"栏中显示"0 0 0"，"角度"栏中显示"0 0 0"，此为毛坯代入后坐标，如图 8-27a 所示。

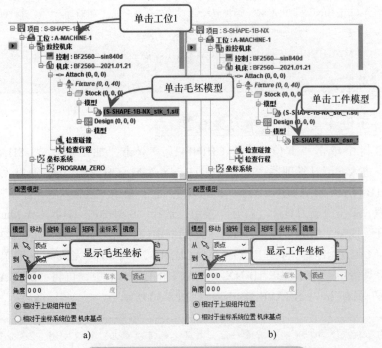

a)　　　　　　　　　　　　　　　b)

图 8-27　工位 1 中毛坯／工件模型坐标

a）毛坯坐标　b）工件模型坐标

2）单击工件模型"（S-SHAPE-1B-NX_dsn_1.stl）"，在"配置模型"的"位置"栏中显示"000"，"角度"栏中显示"000"，此为模型代入后坐标，如图8-27b所示。

3）参考该方法，查看"工位：A-MACHINE-2"中毛坯、工件模型坐标，"位置"栏中均显示"000"，"角度"栏中均显示"1800-180"，如图8-28所示。

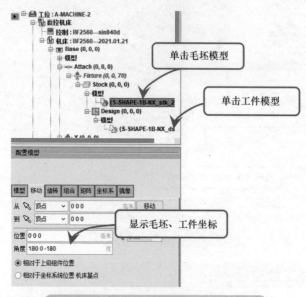

图8-28　工位2中毛坯、工件模型坐标

> 说明：①"工位：A-MACHINE-1"中毛坯、工件模型坐标（位置和角度）相同，均是坐标（000）。
> ②"工位：A-MACHINE-2"中毛坯、工件模型坐标（位置和角度）相同，与"工位：A-MACHINE-1"情况相同。
> ③"工位：A-MACHINE-1"与"工位：A-MACHINE-2"中毛坯、工件模型坐标不同，存在一定坐标关系换算。

8.3.10　合并工位1与工位2中刀具清单

1）在项目树中单击"工位：A-MACHINE-1" > 双击"加工刀具：S-SHAPE-1B-NX-A-MACHINE-1"，进入"刀具管理器：S-SHAPE-1B-NX-A-MACHINE-1.tls"窗口（即进入刀具清单"S-SHAPE-1B-NX-A-MACHINE-1.tls"的编辑界面），单击"功能" > "合并"，进入"合并刀具库"对话框，单击更新刀具库"打开"按钮，选择"S-SHAPE-1B-NX-A-Machine-2.tls"文件，单击"打开"按钮，单击"合并刀具库"对话框中的"确定"按钮，如图8-29所示。

"工位：A-MACHINE-1"与"工位：A-MACHINE-2"中刀具完成刀具清单合并，即T1/T2/T3合并在刀具清单"S-SHAPE-1B-NX-A-MACHINE-1.tls"中，再将"S-SHAPE-1B-NX-A-MACHINE-1.tls"另存为"S-SHAPE-1B.tls"，如图8-30所示。

> 提示：由于机床上刀具号码具有唯一性，刀具名称可以重名；所以左侧1/2/3分别为刀号T1/T2/T3，不可重复，而右侧均显示名称"铣刀刀具"，可以重复，如图8-29所示。

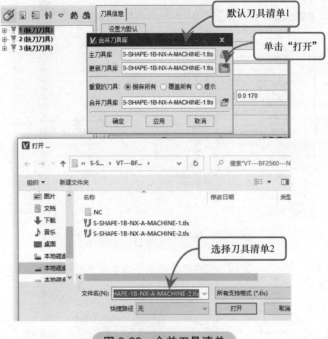

图 8-29　合并刀具清单

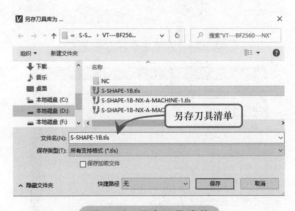

图 8-30　另存刀具清单

2）单击"工位：A-MACHINE-1"＞双击"加工刀具：S-SHAPE-1B-NX-A-MACHINE-1"，进入"刀具管理器：S-SHAPE-1B-NX-A-MACHINE-1.tls"窗口（即进入刀具清单"S-SHAPE-1B-NX-A-MACHINE-1.tls"的编辑界面），单击"刀具"＞"打开文件"按钮，在弹出的"打开 ..."对话框中选择刀具清单"S-SHAPE-1B.tls"，如图 8-31 所示。

3）同理，在"工位：A-MACHINE-2"中选择刀具清单"S-SHAPE-1B.tls"，如图 8-32 所示。

> 提示：若调用机床模板时勾选"输出所有刀具至一个刀具库"，如图 8-33 所示，则各工位刀具清单直接合并成一个刀具清单"S-SHAPE-1B-NX.tls"，不需要进行合并操作。

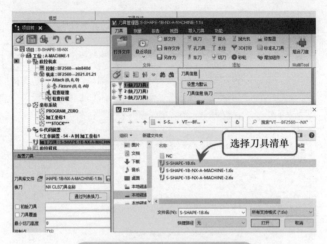

图 8-31　工位 1 选择刀具清单

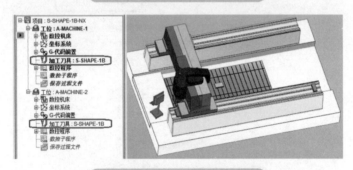

图 8-32　工位 2 选择刀具清单

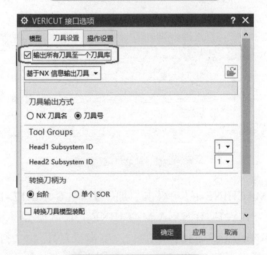

图 8-33　合并刀具清单

8.3.11　设置刀柄

1）单击"工位：A-MACHINE-1"＞双击"加工刀具：S-SHAPE-1B"，进入"刀具管理器：S-SHAPE-1B.tls"窗口（即进入刀具清单"S-SHAPE-1B.tls"的编辑界面），单击"刀具"，右击"T1 End Mill D20R3"，选择菜单命令"添加刀具组件 ..."＞"增加刀柄"，如图 8-34 所示。

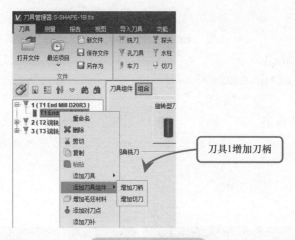

图 8-34 增加刀柄

2）单击"刀具组件">"旋转轮廓"图标，逐个添加刀柄轮廓坐标点位，如图 8-35 所示，在其他任意栏中单击或按〈Enter〉键确认。

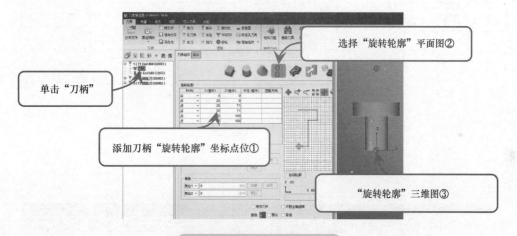

图 8-35 添加刀柄轮廓外形

提示："旋转轮廓"坐标点位①、"旋转轮廓"平面图②、"旋转轮廓"三维图③三者等效，坐标点位见表 8-5。该刀柄外形参考 HSK100AER32100M，为便于使用"自动装夹"操作，故 1:10 锥度未画出。

表 8-5 刀柄 HSK100AER32100M 坐标点位

坐标点序号	X 坐标	Z 坐标
1	0	0
2	25	0
3	25	71
4	50	71
5	50	100
6	0	100

3）现刀具悬长为零，如图 8-36a 所示，单击"刀柄">"组合">在"位置"栏中输入坐标"0 0 40"，在其他任意栏中单击鼠标或按〈Enter〉键确认，则"刀柄"自动抬起 40mm，即刀具悬长 40mm，如图 8-36b 所示。

4）单击"1（T1 End Mill D20R3）"，则现刀具"装夹点"在法兰盘上方坐标"0 0 170"处，如图 8-37a 所示。

在主菜单工具栏中单击"自动装夹"，则刀具装夹点会自动变换至法兰盘上表面中心，"装夹点"坐标变成"0 0 140"，符合刀柄长度 100mm，加上刀具悬伸 40mm，刀长 140mm，如图 8-37b 所示。

至此完成 1 号刀具的刀柄配置。

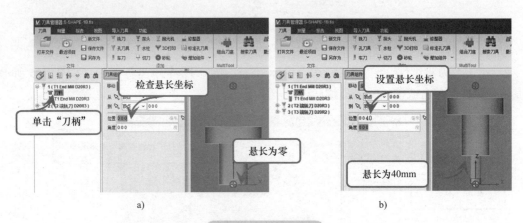

图 8-36　刀具悬长

a) 悬长为零　b) 悬长为 40mm

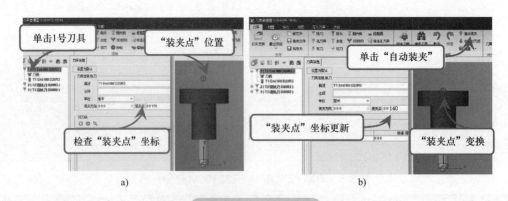

图 8-37　刀具装夹点

a) 在法兰盘上方某点　b) 在法兰盘上表面中心

5）按该方法，复制 1 号刀具的"刀柄"，如图 8-38a 所示。

粘贴至 2 号刀具，如图 8-38b 所示，在主菜单工具栏中单击"自动装夹"，则自动完成 2 号刀具装夹点设置，"刀柄"自动抬起 40mm，即刀具悬长 40mm。

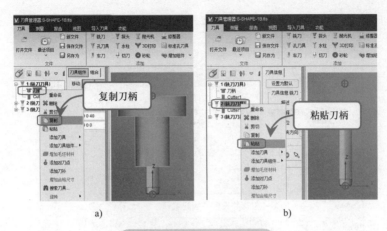

图 8-38 复制、粘贴刀柄

a）在 1 号刀具上复制刀柄 b）在 2 号刀具上粘贴刀柄

粘贴至 3 号刀具，单击"自动装夹"，则自动完成 3 号刀具装夹点设置，"刀柄"自动抬起 40mm，即刀具悬长 40mm。

8.3.12 设置刀具缩颈 / 刃长 / 齿数

单击 1 号刀具处"T1 End Mill D20R3"（注意：不要单击"刀柄"），单击"刀具组件" > "旋转型刀具" > "圆鼻铣刀"图标，分别在"刀杆直径"栏中输入"19.8"，在"刃长"栏中输入"10"，在"齿"（齿数）栏中输入"3"，在其他任意栏中单击或按〈Enter〉键确认，则完成刀具缩颈 / 刃长 / 齿数设置，如图 8-39 所示。

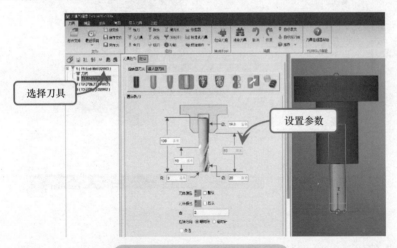

图 8-39 设置刀具缩颈 / 刃长

 提示：推荐刀具缩颈 0.2 ~ 0.5mm，刃长设置 ≤ 10mm，这与实际刀具不完全一致。

8.3.13 设置刀具悬长

单击"工位：A-MACHINE-1" > "加工刀具：S-SHAPE-1B"在"配置刀具"中勾选"计算最小刀具夹持长度"，"刀柄间隙"栏中输入"0.5"，如图 8-40 所示。

参考上述步骤，在"工位：A-MACHINE-2"中设置刀具悬长。

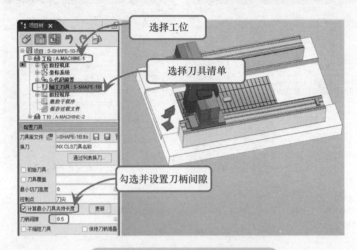

图 8-40　设置刀具悬长自动计算

8.3.14　保存模拟后刀具悬长

单击 VERICUT 界面右下角"仿真"按钮，如图 8-41 所示，机床开始模拟仿真。

"工位：A-MACHINE-1"仿真模拟结束，出现"刀具已修改，您想保存刀具库文件吗？"提示，如图 8-41 所示。

图 8-41　刀具修改保存提示

单击"是"按钮，出现"另存刀具库为 ..."对话框，另存为"11.tls"，如图 8-42 所示。

> 提示：① "11.tls"对应"工位：A-MACHINE-1"中刀具。
> ② "11.tls"保存目录"D:\Work\Machine_Template\S-SHAPE\VT---BF2560-NX"。

单击 VERICUT 界面右下角"仿真"按钮，机床继续模拟仿真，参考"工位：A-MA-CHINE-1"中的操作，另存"工位：A-MACHINE-2"中刀具清单为"22.tls"。

图 8-42 保存刀具文件

提示：① "22.tls" 对应 "工位：A-MACHINE-2" 中刀具。

② "22.tls" 保存目录 "D:\Work\Machine_Template\S-SHAPE\VT---BF2560-NX"。

8.3.15 整理刀具悬长

单击 "工位：A-MACHINE-1"，双击 "加工刀具：S-SHAPE-1B" 进入 "刀具管理器：S-SHAPE-1B.tls" 窗口（即进入刀具清单 "S-SHAPE-1B.tls" 编辑界面），单击 "刀具" > "最近项目"，选择刀具清单 "11.tls"，如图 8-43 所示。

图 8-43 选择刀具清单 "11.tls"

进入 "刀具管理器：11.tls" 窗口（即进入刀具清单 "11.tls" 编辑界面，完成刀具清单选择的切换），单击 "刀具" > "1（T1 End Mill D20R3）" 中 "刀柄" > "组合" > "移动"，发现 "位置" 栏中坐标显示 "0 0 70.5"，如图 8-44 所示，表示 1 号刀具需悬长 70.5mm 才不会发生干涉碰撞。

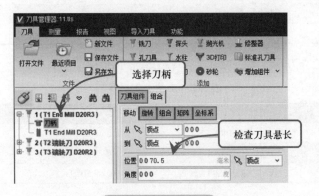

图 8-44 刀具悬长

> 💡 **说明**：刀柄悬长量70.5mm是基于刀柄 HSK100AER32100M 的外形；且在 VERICUT 中刀柄外形制作时初始 Z 坐标为零，如图 8-45 所示；勾选"计算最小刀具夹持长度"后，刀柄与工件的最小间隙设置为 0.5mm，如图 8-46 所示。

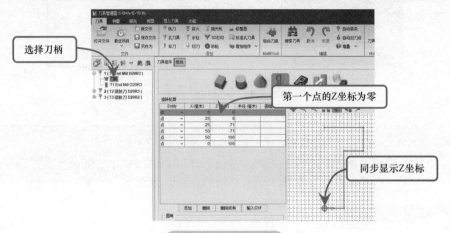

图 8-45　刀柄外形

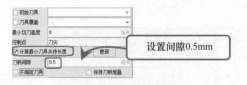

图 8-46　刀柄间隙

工位 1 中各程序仅使用 1 号刀具"T1 End Mill D20R3"加工，故 2 号、3 号刀具悬长未变，依然是 40mm，见表 8-6。

表 8-6　工位 1 刀具悬长

序号	工位	刀具	刀具悬长坐标	备注
1	工位 1	D20R3 T1	0 0 70.5	参与切削
2	工位 1	D20R3 T2	0 0 40	不参与切削
3	工位 1	D20R3 T3	0 0 40	不参与切削

参考该方法，检查刀具清单"22.tls"中各刀具悬长坐标，见表 8-7。

表 8-7　工位 2 刀具悬长

序号	工位	刀具	刀具悬长坐标	备注
1	工位 2	D20R3 T1	0 0 40.5	参与切削
2	工位 2	D20R3 T2	0 0 45.168	参与切削
3	工位 2	D20R3 T3	0 0 69.5039	参与切削

综合上述，为同时满足两个工位加工时刀具不干涉碰撞，1 号、2 号、3 号刀具悬长分别需

≥ 70.5mm、≥ 45.168mm、≥ 69.5039mm，一般刀柄与工件间隙推荐值 1 ~ 5mm，故刀具悬长分别设置为 75mm、50mm、75mm，见表 8-8。

表 8-8 刀具悬长

序号	工位	刀具	刀具悬长坐标
1	工位 1	D20R3 T1	0 0 75
2	工位 1	D20R3 T2	0 0 50
3	工位 1	D20R3 T3	0 0 75
4	工位 2	D20R3 T1	0 0 75
5	工位 2	D20R3 T2	0 0 50
6	工位 2	D20R3 T3	0 0 75

由于当前在"刀具管理器：22.tls"窗口（即刀具清单"22.tls"编辑界面），单击"刀具"＞"最近项目"，选择刀具清单"S-SHAPE-1B.tls"，如图 8-47 所示。

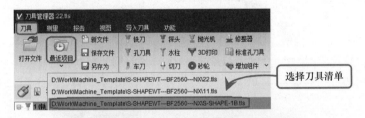

图 8-47 选择刀具清单"S-SHAPE-1B.tls"

进入"刀具管理器：S-SHAPE-1B.tls"窗口（即进入刀具清单"S-SHAPE-1B.tls"编辑界面），单击"刀具"＞"1（T1 End Mill D20R3）"中"刀柄"＞"组合"＞"移动"，在"位置"栏中输入坐标"0 0 75"，在其他任意栏中单击或按〈Enter〉键确认，如图 8-48 所示，表示 1 号刀具悬长 75mm。

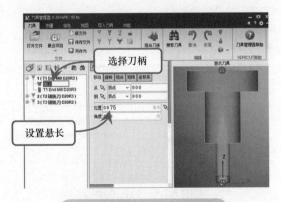

图 8-48 设置 1 号刀具悬长

同理，单击"2（T2 端铣刀 D20R3）"中"刀柄"＞"组合"＞"移动"，在"位置"栏中输入坐标"0 0 50"，在其他任意栏中单击或按〈Enter〉键确认，如图 8-49 所示，表示 2 号刀具悬长 50mm。

单击"3（T3 端铣刀 D20R2）"中"刀柄"＞"组合"＞"移动"，在"位置"栏中输入坐标"0 0 75"，在其他任意栏中单击或按〈Enter〉键确认，如图 8-50 所示，表示 3 号刀具悬长 75mm。

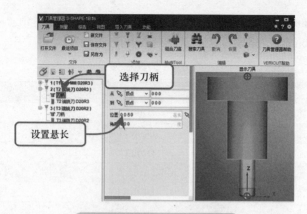

图 8-49　设置 2 号刀具悬长

图 8-50　设置 3 号刀具悬长

目前，"工位：A-MACHINE-1" 和 "工位：A-MACHINE-2" 均选用刀具清单 "S-SHAPE-1B.tls"，如图 8-51 所示，完成刀具悬长整理。

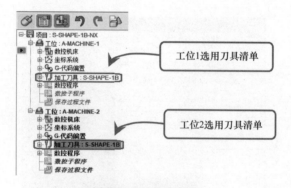

图 8-51　刀具清单

说明："工位：A-MACHINE-1" 和 "工位：A-MACHINE-2" 可均选取刀具清单 "S-SHAPE-1B.tls"，也可分别选取刀具清单 "11.tls" "22.tls"，可按使用者习惯操作，避免由于某些原因重新从 NX 代入 VERICUT 仿真时被覆盖。

8.3.16　程序仿真

单击 VERICUT 界面右下角"重置模型"按钮，如图 8-52 所示，进入复位状态。

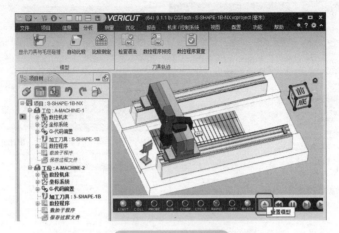

图 8-52　重置模型

单击 VERICUT 界面右下角"仿真"按钮，如图 8-53 所示。

图 8-53　启动仿真

VERICUT 进行数控程序模拟仿真，直至"工位：A-MACHINE-1""工位：A-MACHINE-2"中所有程序结束，若有问题或错误将在"VERICUT 日志器"中显示，如图 8-54 所示。

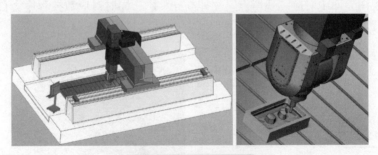

图 8-54　程序模拟仿真

在主菜单中单击"分析">"自动比较"，出现"自动比较"窗口，在"比较类型"下拉列表中选择"过切"，在"比较公差"栏"过切"文本框中设置公差为"0.02"，"颜色"下拉列表中选择"1:Red"，勾选"自动比较结果"，分别点选设计、毛坯、夹具后面的"实体"选项，单击"比较"，耐心等待若干秒，将会出现对比结果，如图 8-55a 所示。

在机床视图界面中会出现"过切点"，在"VERICUT 日志器"中会出现"过切"的具体程序名、刀号、行号及坐标位置，二者等效；在日志表中单击某一"过切点"时，机床视图界面中对应"过切点"立即高亮显示，如图 8-55b 所示；在"VERICUT 日志器"中双击某一"过切点"时，机床视图界面中对应"过切点"立即高亮显示，同时对应数控程序会自动打开，并且数控程序中该行会处于暗黑色。

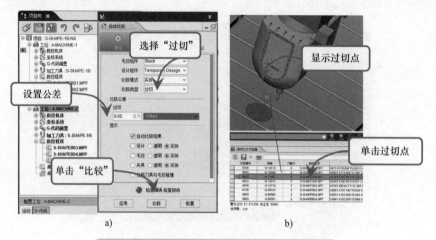

图 8-55　自动比较"过切"设置、对比结果

a）自动比较"过切"设置　b）对比结果

在"自动比较"窗口的"比较类型"下拉列表中选择"残留"，在"比较公差"栏"残留"文本框中设置公差为"0.05"，"颜色"下拉列表中选择"15:Blue"，勾选"自动比较结果"，分别点选设计、毛坯、夹具后面的"实体"选项，单击"比较"，耐心等待若干秒，将会出现对比结果，如图 8-56a 所示。

在机床视图界面中会出现"残留点"，在"VERICUT 日志器"中会出现"残留"的具体程序名、刀号、行号及坐标位置，二者等效；在日志表中单击某一"残留点"时，机床视图界面中对应"残留点"立即显示高亮，如图 8-56b 所示；在"VERICUT 日志器"中双击某一"残留点"时，机床视图界面中对应"残留点"立即高亮显示，同时对应数控程序会自动打开，并且数控程序中该行会处于暗黑色。

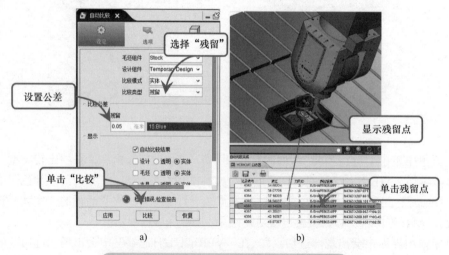

图 8-56　自动比较"残留"设置、对比结果

a）自动比较"残留"设置　b）对比结果

"过切"与"残留"需结合具体工件进行判断分析，初次使用建议请专业人员指导。

提示：① "过切""残留"的比较公差的设置与切削公差的设置（VERICUT 中路径按"项目 > 属性 > 切削公差"）有较大关联。

② 理论上切削公差设置越小，仿真越精确，对比越准确。只是受工件数模结构复杂程度、尺寸大小、数控程序大小、计算机内存容量限制、仿真效率等因素影响。当切削公差设置较小时，"过切""残留"可能无法进行对比；反之，当切削公差设置较大时，如 5~10mm，有些"过切""残留"可能被忽略掉，导致对比失效。

③ 笔者经验，推荐切削公差设置为 0.5~2mm；"过切""残留"比较公差设置为 0.02~0.1mm。

④ 仿真过程中检查出过切、残留、碰撞干涉（含撞刀）、限位、不合理切削、错误语句等问题，当把所有问题消除后，仿真才算完成。

至此完成机床 BF2560 模板关于 NX 接口应用示例。

基于 CATIA 接口仿真模板应用

9.1　CATIA 接口介绍

　　CATIA 与 VERICUT 接口（简称 CATV 接口）是一个无缝集成的接口，通过该接口可从 CATIA 环境中直接启动 VERICUT。CATV 接口可把 CATIA 中的几何模型转换为 VERICUT 中的工件模型、毛坯模型和夹具模型，也能将 CATIA 中的刀具模型导入 VERICUT 中。采用 CATV 接口，可实现 CATIA 与 VERICUT 之间的数据传递，只是使用前必须获得 CATIA 接口 的许可证（License），如图 9-1 所示。

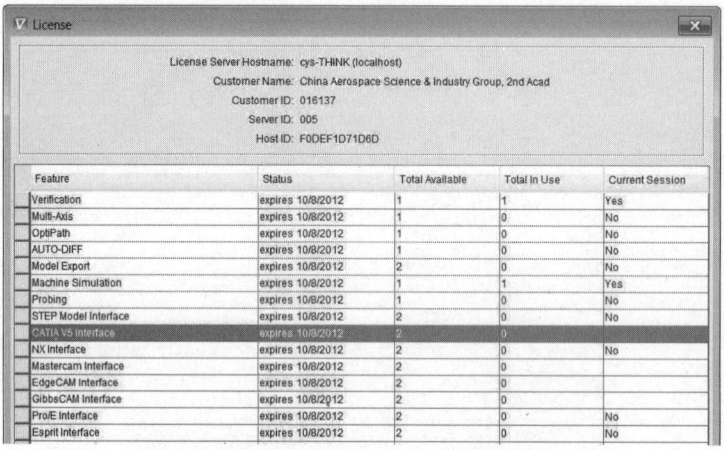

図 9-1　CATIA 接口的许可证（License）

　　CATV 接口简化了 CATIA 生成刀具轨迹的验证与优化流程。通过准备 CATIA 模型和加工轨迹数据，在 CATIA 中生成 VERICUT 仿真所需的几何模型和刀具路径，输出 CATIA 数据，以交互或后台方式运行 VERICUT。当 VERICUT 在交互模式运行时，通过单击按钮进行加工仿真。当从 CATIA 中运行 VERICUT 时，观察角度与 CATIA 相同，两个应用程序窗口同时可见，方便查看。

　　本章使用的软件及版本为 CATIA V5R18 及 VERICUT9.1.1。

9.2　CATIA 接口配置

> 提示：本章 VERICUT 样例文件和影音文件可通过扫描本书前言中的二维码获取并下载到本地指定位置。

　　VERICUT 提供 CATIA V5 以上版本的接口。运行 CATV 接口必须满足两个条件：①安装 5.6 或更高版本的"Windows Script"脚本文件；②安装微软公司"fm20.dll"和"fm20enu.dll"两个动态链接库文件。脚本文件和动态链接库文件分别在安装 VERICUT 软件与操作系统时自动安装，正常情况下不建议用户随意修改该文件。

CATV 接口配置分为两种：一种是利用 VERICUT 提供的接口文件 catv5.bat；另一种是利用加载宏，在 CATIA 菜单栏添加图标，使 CATV 接口更加方便操作。

9.2.1 配置接口环境变量

CATV 接口需要设定"CGTECH_PRODUCTS""CGTECH_LIBRARY""CGTECH_CATV_LANGUAGE""CGTECH_CATV_FOLDER"四个环境变量，见表 9-1。

表 9-1　CATV 接口环境变量

序号	环境变量	保存目录
1	CGTECH_PRODUCTS	C:\Program Files\cgtech\x.x.x\windows 或 C:\Program Files\cgtech\x.x.x\windows64
2	CGTECH_LIBRARY	C:\Program Files\cgtech\x.x.x\library
3	CGTECH_CATV_LANGUAGE	C:\Program Files\cgtech\x.x.x\windows64\catv5\ CATV[language].local
4	CGTECH_CATV_FOLDER	C:\temp

1）"CGTECH_PRODUCTS"为 VERICUT 的启动文件的目录，如"C:\Program Files\cgtech\9.1.1\windows64"。

2）"CGTECH_LIBRARY"用于指定模板文件和系统控制文件的目录，如"C:\Program Files\cgtech\9.1.1\library"。

3）"CGTECH_CATV_LANGUAGE"为 CATV 启动指定语言文件，如"C:\ProgramFiles\cgtech\7.2\windows64\catv5\CATV[language].local"，其中"[language]"是语言种类。

4）"CGTECH_CATV_FOLDER"为存放机床库、模型文件及数控程序的临时文件夹，如"C:\temp"。

9.2.2 catv5.bat 启动接口的操作

批处理文件 catv5.bat 位于 VERICUT 安装目录"commands"文件夹中，如"C:\Program Files\CGTech\VERICUT 9.1.1\windows64\commands"，如图 9-2 所示。catv5.bat 文件中的内容，如图 9-3 所示。

图 9-2　catv5.bat 文件安装目录　　　图 9-3　catv5.bat 文件内容

右击创建桌面快捷方式，如图 9-4 所示，在桌面双击创建的快捷方式图标启动 CATIA 及 CATV 接口程序。

图 9-4　创建桌面快捷方式

9.2.3　加载宏启动 CATV 接口

复制 CATV 接口图标 至目录 "C:\Program Files\Dassault Systemes\B18\win_b64\resources\graphic\icons"。启动 CATIA，进入加工模块。

选择菜单命令 "工具" > "宏" > "宏 ..." 弹出 "宏" 对话框，单击 "宏库 ..." 按钮，选择 CATV.CATScript 宏文件，关闭 "宏" 对话框，如图 9-5 所示。

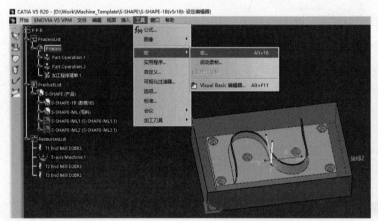

图 9-5　宏菜单

选择菜单命令 "工具" > "自定义 ..."，在 "自定义" 对话框中，在 "命令" 标签页的 "类别" 栏中选择 "宏"，如图 9-6 所示。单击右下角打开按钮，选择 VERICUT 图标，关闭 "自定义" 对话框。

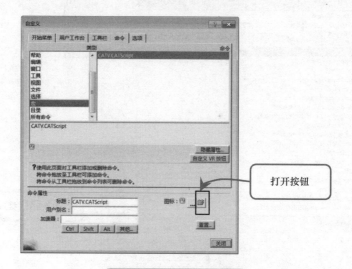

图 9-6 添加 CATV 图标

在"自定义"对话框中，在"工具栏"标签页的"工具栏"栏中选择"NC Output Management"，单击"添加命令 ..."按钮，如图 9-7 所示；弹出"命令列表"对话框，在"命令列表"对话框中选择"CATV.CATScript"，单击"确定"按钮退出该对话框，CATV 接口自动加载至 NC Output Management 菜单中，如图 9-8 所示。

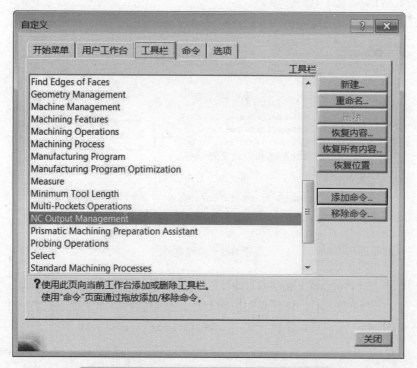

图 9-7 NC Output Management 菜单添加命令

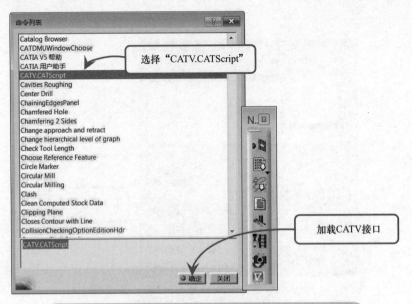

图 9-8　NC Output Management 菜单中加载 CATV 接口

9.3　CATV 接口应用

9.3.1　打开 CATIA 工具软件

1）启动 CATIA V5R18 软件。

2）打开编程文件"S-SHAPE-1B（v5r18）.CATProcess"，如图 9-9 所示。

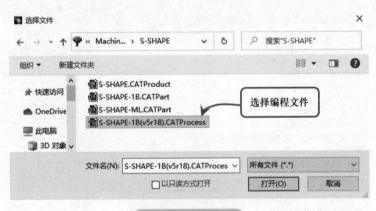

图 9-9　编程文件

3）按目录"C:\Program Files\CGTech\VERICUT9.1.1\windows64\commands"，找到文件"catv5.bat"，右击"catv5.bat"，创建桌面快捷方式；在桌面将桌面快捷方式名称由"catv5.bat"改为"catv5 9.1.1.bat"双击桌面快捷方式"catv5 9.1.1.bat"，如图 9-10 所示。

 提示：仅当 CATIA 当前界面为工艺流程 XX.CATProcess 界面时，才能打开"catv5 9.1.1.bat"。

图 9-10 桌面快捷方式"catv5 9.1.1.bat"

9.3.2 定义文件保存目录

在"Folder for new files"栏中自动出现保存目录"D:\Work\Machine_Template\S-SHAPE\",更改保存目录为"D:\Work\Machine_Template\S-SHAPE\VT—BF2560",如图 9-11 所示。

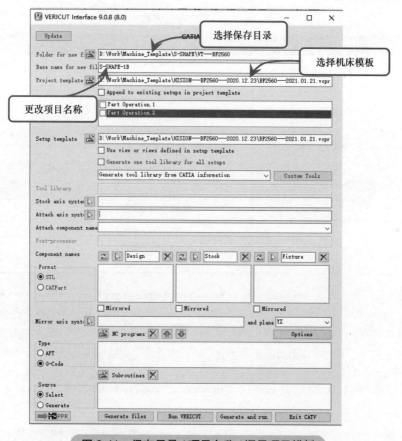

图 9-11 保存目录 / 项目名称 / 调用项目模板

9.3.3 定义仿真项目文件名

在"Base name for new files"栏中自动出现项目名称"S-SHAPE-1B（v5r18）",更改项目名称为"S-SHAPE-1B",如图 9-11 所示。

 提示：项目名称"S-SHAPE-1B"对应编程文件"S-SHAPE-1B（v5r18）.CATProcess"。

9.3.4 调用项目模板

1）单击"Project template"栏后面的"打开"按钮，在打开的窗口输入 BF2560 机床模板的保存目录"D:\Work\Machine_Template\HISION—BF2560—2020.12.23"。

2）双击该目录中存放的机床仿真模板"BF2560—2021.01.21.vcproject"。

3）"Project template"栏中出现"D:\Work\Machine_Template\HISION—BF2560—2020.12.23\BF2560—2021.01.21.vcproject"，如图 9-11 所示。

9.3.5 工位定位方式

工件模拟仿真自 CATIA 代入 VERICUT 时，工位定位方式一般分为以下三种方法，见表 9-2，本示例采用方法一。

表 9-2 工位定位方式

序号	工位	定位方式	装夹点
方法一	Part Operations.1	Stock axis system	装夹点 1
		Attach axis system	装夹点 1
	Part Operations.2	Stock axis system	装夹点 1
		Attach axis system	装夹点 2
方法二	Part Operations.1	Stock axis system	N/A
		Attach axis system	装夹点 1
	Part Operations.2	Stock axis system	N/A
		Attach axis system	装夹点 2
方法三	Part Operations.1	Stock axis system	N/A
		Attach axis system	坐标 1
	Part Operations.2	Stock axis system	N/A
		Attach axis system	坐标 2

> 说明：方法一适用于所有情况下的仿真代入，思路清晰、逻辑严密，只是操作步骤多，适合初学者；方法二多适用于工件与毛坯坐标一致时，操作方法较方法一略简化；方法三也多适用于工件与毛坯坐标一致时，操作方法最简易，应用最广泛，只是需要使用者准确理解"加工坐标"与"装夹定位点"之间的关系，并熟练掌握移动、旋转工件与毛坯等操作技能。

例：工件为两面加工，对应两个工位，加工时两次装夹定位。

1）第一面工位"Part Operations.1"加工，加工原点按"坐标 1"，位置装夹按"装夹点 1"，程序清单见表 9-3。

表 9-3 工位 1 程序清单

序号	程序名	刀具
1	S-SHAPEA01.MPF	T1 D20R3
2	S-SHAPEA02.MPF	T1 D20R3

2）第二面工位"Part Operations.2"加工，加工原点按"坐标 2"，位置装夹按"装夹点 2"，程序清单见表 9-4。

表 9-4　工位 2 程序清单

序号	程序名	刀具
1	S-SHAPEA03.MPF	T1 D20R3
2	S-SHAPEA04.MPF	T2 D20R3
3	S-SHAPEA05.MPF	T3 D20R3

3）工件模拟仿真自 CATIA 代入 VERICUT 时，工位定位采用方法一，见表 9-5。

表 9-5　工位定位方式示例

序号	工位	定位方式	装夹点
方法一	Part Operations.1	Stock axis system	装夹点 1
		Attach axis system	装夹点 1
	Part Operations.2	Stock axis system	装夹点 1
		Attach axis system	装夹点 2

9.3.6　设置工位"Part Operation.1"

在"Part operations"栏中勾选工位"Part Operation.1"，并单击"Part Operation.1"，使"Part Operation.1"一行当前显示暗黑色，表示工位"Part Operation.1"处于激活状态，后续所有操作仅对"Part Operation.1"有效，包括"Setup template""Attach axis system""Stock axis system""Type""Source""Options"等，如图 9-12 所示。

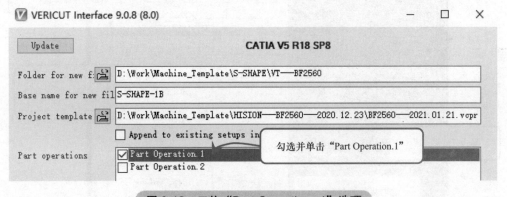

图 9-12　工位"Part Operations.1"选项

提示：既要勾选"Part Operation.1"，又要单击"Part Operation.1"，使该行显示暗黑色，否则代入时不能使"Part Operation.1"生效。

1）调用工位模板。

单击"Setup template"后面的"打开"按钮，在打开的窗口输入 BF2560 机床模板的保存目录"D:\Work\Machine_Template\HISION—BF2560—2020.12.23"。双击该目录中存放的机床仿真模板"BF2560—2021.01.21.vcproject"。

在"Setup template"栏中出现"D:\Work\Machine_Template\HISION—BF2560—2020.12.23\

BF2560—2021.01.21.vcproject",如图 9-13 所示。

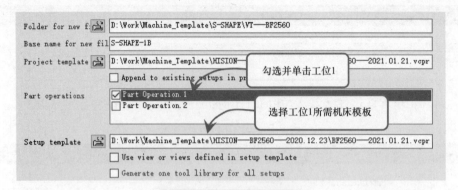

图 9-13 工位 1 模板选项

2)选择"Type"下方"G-Code"选项,如图 9-14 所示。

3)先单击 CATIA 项目树中的"装夹点 1",再单击 VERICUT 中"Stock axis system"后面的箭头，则"Stock axis system"栏中自动出现"数模 1B\装夹点 1",如图 9-14 所示。

或者先单击 VERICUT 中"Stock axis system"后面的箭头，再单击 CATIA 中的"装夹点 1",则"Stock axis system"栏中自动出现"数模 1B\装夹点 1"。

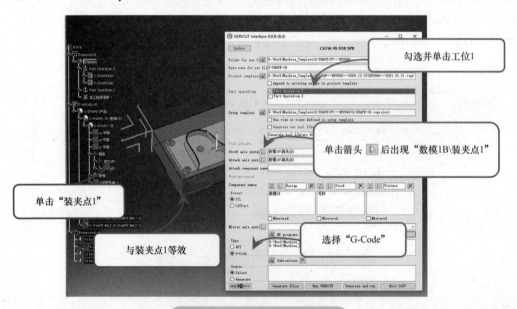

图 9-14 毛坯装夹点选取之一

提示：①单击 CATIA 中文件与单击 VERICUT 中箭头无先后要求，下同。

②必须先点选"Type"下方"G-Code"选项，否则无法选择装夹点。

③项目模板"Project template"与工位模板"Setup template"可以相同，也可以不同。当工件正反两面采用同一台机床仿真时，两者相同；当采用不同机床模板仿真时，两者不同。一般第一面项目模板与工位模板相同，第二面项目模板与工位模板可以不同。

4）先单击 CATIA 项目树中的"装夹点 1"，再单击 VERICUT 中"Attach axis system"后面的箭头，则"Attach axis system"栏中自动出现"数模 1B\ 装夹点 1"，如图 9-15 所示。

或者先单击 VERICUT 中"Attach axis system"后面的箭头，再单击 CATIA 中的"装夹点 1"，则"Attach axis system"栏中自动出现"数模 1B\ 装夹点 1"。

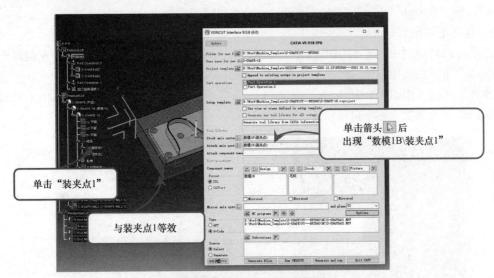

图 9-15 附件装夹点选取之一

5）选择"Source"下方"Select"选项，如图 9-16 所示。

6）单击"NC programs"前面的"打开"按钮，按目录"D:\Work\Machine_Template\S-SHAPE\VT---BF2560\NC"选择程序"S-SHAPEA01.MPF""S-SHAPEA02.MPF"，如图 9-16 所示。

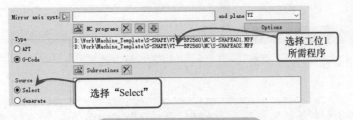

图 9-16 数控程序选取之一

提示：① 必须先点选"Source"下方"Select"选项，否则无法选择程序。

② 只有先点选"Source"下方"Generate"选项，Post-processor 后面的"打开"按钮才会显示，单击该按钮选择 CATIA 后处理文件；运行 VERICUT 时，接口会自动调用该后处理生成 G 代码；若 G 代码在编程过程中已生成，则不需选择。

③ 点选"Type"下方"G-Code"选项，若编程过程中已生成 G 代码，则点选"Source"下方"Select"选项，并选择已后置的 G 代码文件；若没有生成 G 代码，则点选"Source"下方"Generate"选项，接口会自动调用后处理并生成 G 代码。

④ 若需选择子程序，则单击"Subroutines"前面的"打开"按钮选取。

7）选择工件模型 Design。

先单击 CATIA 中的 "S-SHAPE-1B（数模 1B）"，再单击 VERICUT 中 "Design" 左侧箭头，则 "Design" 下方的文本框中自动出现 "数模 1B"，如图 9-17 所示。

或者先单击 VERICUT 中 "Design" 左侧箭头，再单击 CATIA 中的 "S-SHAPE-1B（数模 1B）"，则 "Design" 下方的文本框中自动出现 "数模 1B"。

8）选择毛坯模型 Stock。

先单击 CATIA 中的 "S-SHAPE-ML（毛料）"，再单击 VERICUT 中 "Stock" 左侧箭头，则 "Stock" 下方的文本框中自动出现 "毛料"，如图 9-17 所示。

或者先单击 VERICUT 中 Stock 右侧箭头，再单击 CATIA 中 "S-SHAPE-ML（毛料）"，则 "Stock" 下方的文本框中自动出现 "毛料"。

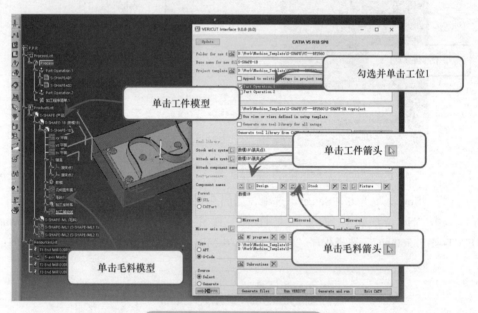

图 9-17　工件、毛坯选取之一

> 提示：① 若不自行选择工件模型、毛坯，则按默认自动选择工件模型及毛坯。
> ② 选择夹具模型 Fixture，方法参考选择 Design、Stock 模型。
> ③ 单击 "Attach axis system" 后面的箭头，选择工件、毛坯、夹具模型的定位坐标系，该坐标系均与 VERICUT 机床的 Attach 组件坐标系重合。

9）单击 "Options" 按钮，出现对应 "Options" 对话框。

先设置工件、毛坯公差为 0.1mm；再在 G 代码偏置方式 "Table name" 栏中输入工作偏置 "Work Offsets" 或在下拉列表中选择工作偏置 "Work Offsets"，在子系统 "Sub-system" 栏中输入 "1"，在寄存器 "Register number" 栏中输入 "54"（注：对应 G54，若填写 "55" 则对应 G55），在 "'From' component" 栏中输入 "A" 或在下拉列表中选择 "A"，表示 A 轴对刀偏置并指向工位 Part Operations.1 中 "坐标 1"（即 G 代码偏置 "A 到坐标 1"）；

最后点选换刀方式为刀号 "Number"，如图 9-18 所示。

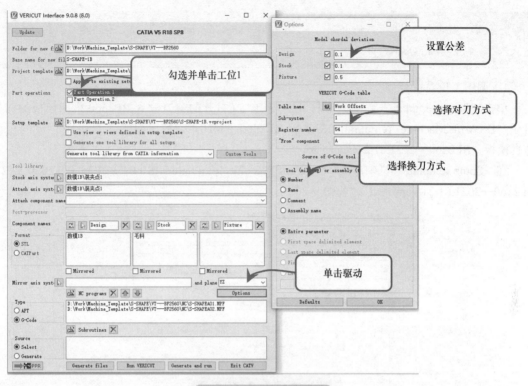

图 9-18 驱动选项之一

 提示：单击左下 PPR 图标，保存当前接口的所有设置，下次调用接口无须再次设置。

9.3.7 设置工位"Part Operation.2"

在"Part operations"栏中勾选工位"Part Operation.2"，并单击"Part Operation.2"，使"Part Operation.2"一行当前显示暗黑色，表示工位"Part Operation.2"处于激活状态，后续所有操作仅对"Part Operation.2"有效，包括"Setup template""Attach axis system""Stock axis system""Type""Source""Options"等，如图 9-19 所示。

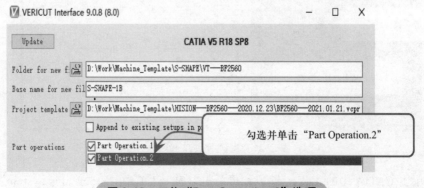

图 9-19 工位"Part Operation.2"选项

提示：既要勾选"Part Operation.2"，又要单击"Part Operation.2"，使该行显示暗黑色，否则代入时不能使"Part Operation.2"生效。

1）调用工位模板。

单击"Setup template"后面的"打开"按钮，在打开的窗口输入 BF2560 机床模板的保存目录"D:\Work\Machine_Template\HISION—BF2560—2020.12.23"。双击该目录中存放的机床仿真模板"BF2560—2021.01.21.vcproject"。

在"Setup template"栏中出现"D:\Work\Machine_Template\HISION—BF2560—2020.12.23\BF2560—2021.01.21.vcproject"，如图 9-20 所示。

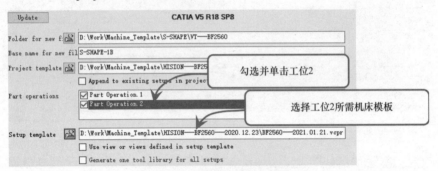

图 9-20　工位 2 模板选项

2）选择"Type"下方"G-Code"选项，如图 9-21 所示。

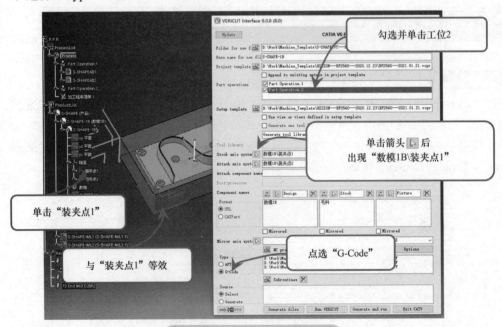

图 9-21　毛坯装夹点选取之二

3）先单击 CATIA 中的"装夹点 1"，再单击 VERICUT 中"Stock axis system"后面的箭头，则"Stock axis system"栏中自动出现"数模 1B\ 装夹点 1"，如图 9-21 所示。

或者先单击 VERICUT 中 "Stock axis system" 后面的箭头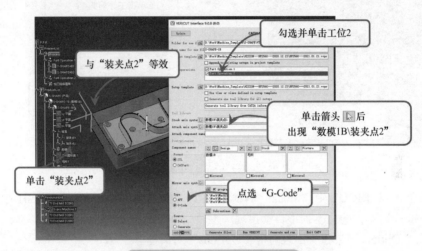，再单击 CATIA 中的 "装夹点 1"，则 "Stock axis system" 栏中自动出现 "数模 1B\ 装夹点 1"。

4）先单击 CATIA 中的 "装夹点 2"，再单击 VERICUT 中 "Attach axis system" 后面的箭头，则 "Attatch axis system" 栏中自动出现 "数模 1B\ 装夹点 2"，如图 9-22 所示。

或者先单击 VERICUT 中 Attach axis system 后面的箭头，再单击 CATIA 中的 "装夹点 2"，则 "Attatch axis system" 栏中自动出现 "数模 1B\ 装夹点 2"。

图 9-22 附件装夹点选取之二

5）选择 "Source" 下方 "Select" 选项，如图 9-23 所示。

6）单击 "NC programs" 前面的 "打开" 按钮，按目录 "D:\Work\Machine_Template\S-SHAPE\VT—BF2560\NC" 选择程序 "S-SHAPEA03.MPF" "S-SHAPEA04.MPF" "S-SHAPEA05.MPF"，如图 9-23 所示。

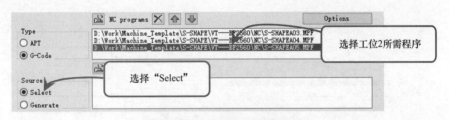

图 9-23 数控程序选取之二

7）选择工件模型 Design。

先单击 CATIA 中的 "S-SHAPE-1B（数模 1B）"，再单击 VERICUT 中 "Design" 左侧箭头，则 "Design" 下方的文本框中自动出现 "数模 1B"，如图 9-24 所示。

或者先单击 VERICUT 中 "Design" 左侧箭头，再单击 CATIA 中的 "S-SHAPE-1B（数模 1B）"，则 "Design" 下方的文本框中自动出现 "数模 1B"。

8）选择毛坯模型 Stock。

先单击 CATIA 中的 "S-SHAPE-ML（毛料）"，再单击 VERICUT 中 "Stock" 左侧箭头，则 "Stock" 下方的文本框中自动出现 "毛料"，如图 9-24 所示。

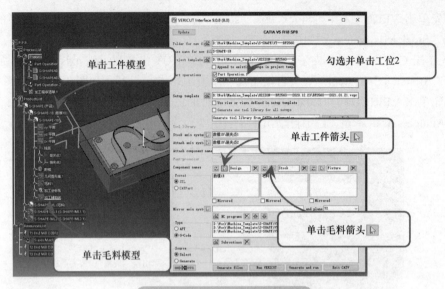

图 9-24 工件、毛坯选取之二

或者先单击 VERICUT 中 "Stock" 右侧箭头 ，再单击 CATIA 中的 "S-SHAPE-ML（毛料）"，则 "Stock" 下方的文本框中自动出现 "毛料"。

9）单击 "Options" 按钮，出现对应 "Options" 对话框。

先设置工件、毛坯公差为 0.1mm；再在 G 代码偏置方式 "Table name" 栏中输入工作偏置 "Work Offsets" 或在下拉列表中选择工作偏置 "Work Offsets"、在子系统 "Sub-system" 栏中输入 "1"，在寄存器 "Register number" 栏中输入 "54"（注：对应 G54，若填写 "55" 则对应 G55），在 "'From' component" 栏中输入 "A" 或在下拉列表中选择 "A"，表示 A 轴对刀偏置并指向工位 Part Operations.2 中 "坐标 2"（即 G 代码偏置 "A 到坐标 2"）；

最后点选换刀方式为刀号 "Number"，如图 9-25 所示。

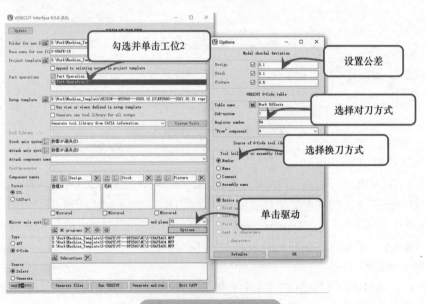

图 9-25 驱动选项之二

提示：工位1、工位2选项对比如图 9-26 所示。

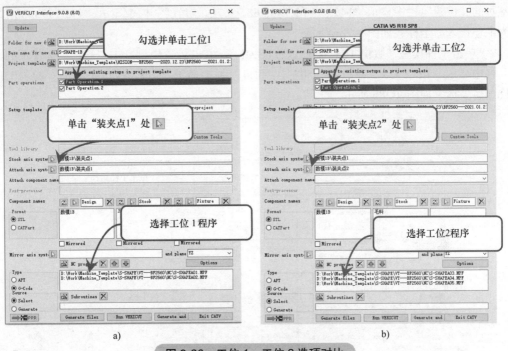

图 9-26 工位 1、工位 2 选项对比

a）工位 1　b）工位 2

9.3.8 生成并运行新项目

在"VERICUT Interface 9.0.8(8.0)"窗口中单击"Generate and Run"按钮（生成并运行本项目的 VERICUT 仿真文件），如图 9-26b 所示。按仿真模板将编程环境代入仿真界面，开始进行数控程序仿真，界面如图 9-27 所示。

 提示：若计算机配置较低或仿真模板设置不合理，等待时间会较长。

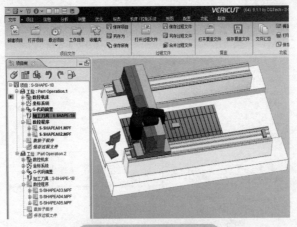

图 9-27 程序仿真界面

9.3.9 检查毛坯/工件坐标

1）单击"工位：Part Operation.1"＞"毛料（S-SHAPE-ML.stl）"，在"配置模型"中"移动"标签页的"位置"栏中显示"143.6938 2.7482 68.9567"，"角度"栏中显示"−15.155 0 30.125"，此为毛坯代入后坐标，如图 9-28a 所示。

2）单击工件模型"数模 1B（S-SHAPE-1B.stl）"，在"配置模型"中"移动"标签页的"位置"栏中显示"143.6938 2.7482 68.9567"，"角度"栏中显示"−15.155 0 30.125"，此为工件模型代入后坐标，如图 9-28b 所示。

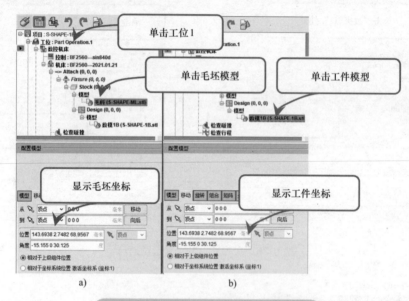

图 9-28 工位 1 中毛坯坐标、工件坐标

a）毛坯坐标　b）工件坐标

3）参考该方法，查看"工位：Part Operation.2"中毛坯、工件坐标，"位置"栏中均显示"−143.6938 −297.2518 41.0433"，"角度"栏中均显示"164.845 0 149.875"，如图 9-29 所示。

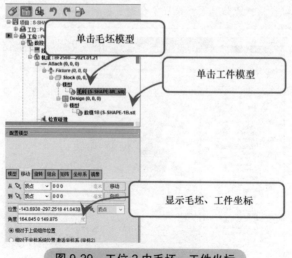

图 9-29 工位 2 中毛坯、工件坐标

提示：①"工位：Part Operation.1"中毛坯、工件坐标（位置和角度）相同，却不是坐标（0 0 0），说明毛坯、工件二者相对坐标关系一致，但与原始坐标存在一定坐标关系（即与机床基点坐标存在一定坐标换算关系）；若采用人工换算，计算量大且容易算错，需采用 VERICUT 提供的定位方式"Stock axis system""Attatch axis system"进行定位。

②"工位：Part Operation.2"中毛坯、工件坐标（位置和角度）相同，与"工位：Part Operation.1"情况相同。

③"工位：Part Operation.1"与"工位：Part Operation.2"中毛坯、工件坐标不同，存在一定坐标关系。

9.3.10　合并工位 1 与工位 2 中刀具清单

1）在项目树中单击"工位：Part Operation.1" > 双击"加工刀具：S-SHAPE-1B-Part Operation.1"，进入"刀具管理器：S-SHAPE-1B-Part Operation.1.tls"窗口（即进入刀具清单"S-SHAPE-1B-Part Operation.1"的编辑界面），单击"功能" > "合并"，弹出"合并刀具库"对话框，单击"更新刀具库"栏右侧的"打开"按钮，在"打开 ..."对话框中选择"S-SHAPE-1B-Part Operation.2.tls"文件并打开，在"合并刀具库"对话框中单击"确定"按钮，如图 9-30 所示。

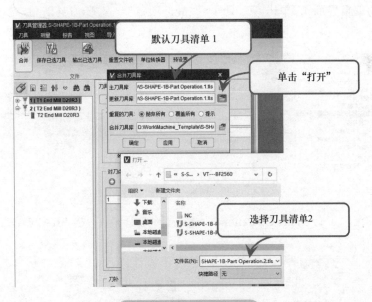

图 9-30　合并刀具清单

工位 Part Operation.1 与 Part Operation.2 中刀具完成刀具清单合并，即 T1/T2/T3 合并在刀具清单"S-SHAPE-1B-Part Operation.1.tls"中，再将"S-SHAPE-1B-Part Operation.1.tls"另存为"S-SHAPE-1B.tls"，如图 9-31 所示。

图 9-31　另存刀具清单

> **提示：** 由于机床上刀号码具有唯一性，刀具信息可以重名，所以左侧 1/2/3 分别为刀号 T1/
> T2/T3，不可重复；右侧 "T1 End Mill D20R3" "T2 End Mill D20R3" "T3 End Mill D20R2" 分别为
> 刀具信息描述，可以重复，如图 9-30 所示。

2）单击"工位：Part Operation.1" > 双击"加工刀具：S-SHAPE-1B-Part Operation.1"，进入"刀具管理器：S-SHAPE-1B-Part Operation.1.tls"窗口（即进入刀具清单"S-SHAPE-1B-Part Operation.1"的编辑界面），单击"刀具" > "最近项目" > 选择刀具清单"S-SHAPE-1B.tls"，如图 9-32 所示。

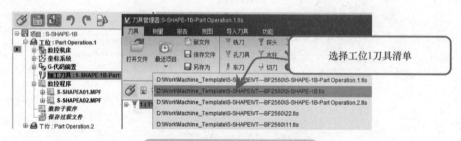

图 9-32　工位 1 选择刀具清单

3）同理，在"工位：Part Operation.2"中选择刀具清单"S-SHAPE-1B.tls"，如图 9-33 所示。

图 9-33　工位 2 选择刀具清单

> 💡 **提示**：若调用机床模板时勾选"Generate one tool library for all setups"，如图 9-34 所示，则各工位刀具清单直接合并成一个刀具清单"S-SHAPE-1B.tls"，而不需要进行合并操作。

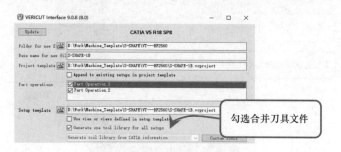

图 9-34　合并刀具清单

9.3.11　设置刀柄

1）单击"工位：Part Operation.1" > 双击"加工刀具：S-SHAPE-1B"，进入"刀具管理器：S-SHAPE-1B.tls"窗口（即进入刀具清单"S-SHAPE-1B.tls"的编辑界面），单击"刀具"，右击"T1 End Mill D20R3"，选择菜单命令"添加刀具组件 ..." > "增加刀柄"，如图 9-35 所示。

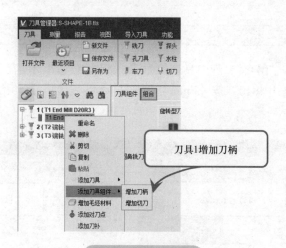

图 9-35　增加刀柄

2）单击"刀柄" > "刀具组件" > "旋转轮廓"图标，逐个添加刀柄轮廓坐标点位，如图 9-36 所示，在其他任意栏中单击或按〈Enter〉键确认。

> 💡 **提示**："旋转轮廓"坐标点位①、"旋转轮廓"平面图②、"旋转轮廓"三维图③三者等效，坐标点位见表 9-6。该刀柄外形参考 HSK100AER32100M，为便于使用"自动装夹"操作，故 1:10 锥度未画出。

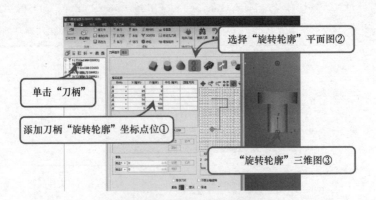

图 9-36　添加刀柄轮廓外形

表 9-6　刀柄 HSK100AER32100M 坐标点位

坐标点序号	X 坐标	Z 坐标
1	0	0
2	25	0
3	25	71
4	50	71
5	50	100
6	0	100

3）单击"刀柄">"组合"，现刀具悬长为零，如图 9-37a 所示，在"位置"栏中输入坐标"0 0 50"，在其他任意栏中单击或按〈Enter〉键确认，则"刀柄"自动抬起 50mm，即刀具悬长 50mm，如图 9-37b 所示。

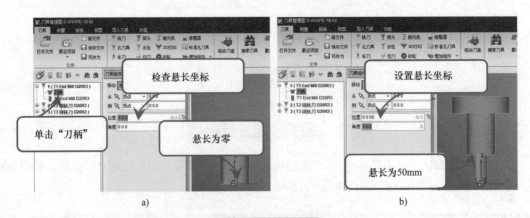

图 9-37　刀具悬长

a）悬长为零　b）悬长为 50mm

4）单击"1（T1 End Mill D20R3）"，检查"装夹点"坐标，现刀具装夹点在法兰盘上方坐标"0 0 170"处，如图 9-38a 所示。

在主菜单工具栏中单击"自动装夹",则刀具装夹点会自动变换至法兰盘上表面中心,"装夹点"坐标变成"0 0 150",符合刀柄长度 100mm,加上刀具悬伸 50mm,刀长 150mm,如图 9-38b 所示。至此完成 1 号刀具的刀柄设置。

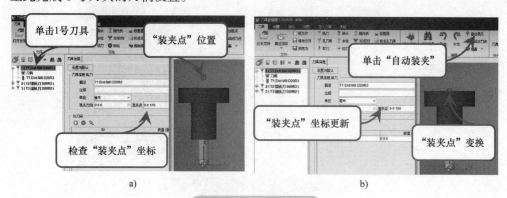

图 9-38　刀具装夹点

a）在法兰盘上方某点　b）在法兰盘上表面中心

5）按该方法,复制 1 号刀具的"刀柄",如图 9-39a 所示。

粘贴至 2 号刀具,如图 9-39b 所示,在主菜单工具栏中单击"自动装夹",则自动完成"2号刀具"装夹点设置,"刀柄"自动抬起 50,即刀具悬长 50。

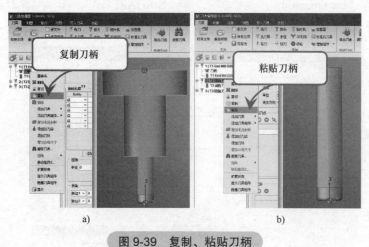

图 9-39　复制、粘贴刀柄

a）在 1 号刀具上复制刀柄　b）在 2 号刀具上粘贴刀柄

粘贴至 3 号刀具,单击"自动装夹",则自动完成 3 号刀具装夹点设置,"刀柄"自动抬起50mm,即刀具悬长 50mm。

9.3.12　设置刀具缩颈 / 刃长 / 齿数

单击 1 号刀具处"T1 End Mill D20R3"（注意:不要单击"刀柄"）,单击"刀具组件">"旋转型刀具">"圆鼻铣刀"图标,分别在"刀杆直径"栏中输入"19.8"、在"刃长"栏中输入"10"、在"齿"（齿数）栏中输入"2",在其他任意栏中单击或按〈Enter〉键确认,则完成刀具缩颈 / 刃长 / 齿数设置,如图 9-40 所示。

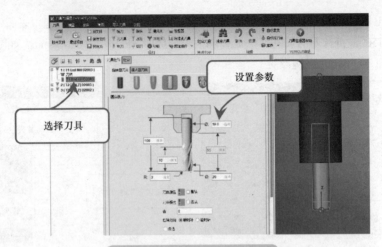

图 9-40　设置刀具缩颈 / 刃长

提示：推荐刀具缩颈 0.2 ~ 0.5mm，刃长设置 ≤ 10mm，这与实际刀具不完全一致。

9.3.13　设置刀具悬长

单击"工位：Part Operation.1" > "加工刀具：S-SHAPE-1B"，在"配置刀具"中勾选"计算最小刀具夹持长度"，"刀柄间隙"栏中输入"0.5"，如图 9-41 所示。

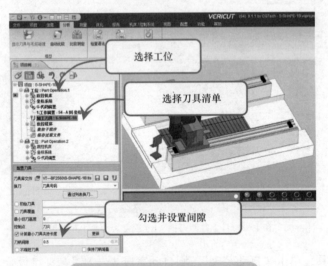

图 9-41　设置刀具悬长自动计算

参考上述步骤，在"工位：Part Operation.2"中设置刀具悬长。

9.3.14　保存模拟后刀具悬长

单击 VERICUT 界面右下角"仿真"按钮，如图 9-42 所示，机床开始模拟仿真。

"工位：Part Operation.1"仿真模拟结束，出现"刀具已修改，您想保存刀具库文件吗？"提示，如图 9-42 所示。

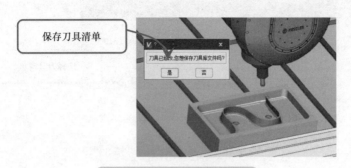

图 9-42　刀具修改保存提示

单击"是"按钮，出现"另存刀具库为…"对话框，另存为"11.tls"，如图 9-43 所示。

提示：① "11.tls"对应工位 1 中刀具。

② "11.tls"保存目录"D:\Work\Machine_Template\S-SHAPE\VT—BF2560"。

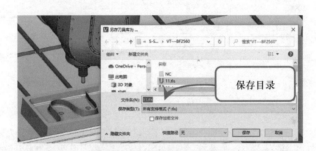

保存目录

图 9-43　保存刀具文件

继续单击 VERICUT 界面右下角"仿真"按钮，机床继续模拟仿真，参考工位 1 中操作，另存工位 2 中刀具清单为"22.tls"。

提示：① "22.tls"对应工位 2 中刀具。

② "22.tls"保存目录"D:\Work\Machine_Template\S-SHAPE\VT—BF2560"。

9.3.15　整理刀具悬长

单击"工位：Part Operation.1"＞双击"加工刀具：S-SHAPE-1B"进入"刀具管理器：S-SHAPE-1B.tls"窗口（即进入刀具清单"S-SHAPE-1B.tls"编辑界面），单击"刀具"＞"最近项目"，选择刀具清单"11.tls"，如图 9-44 所示。

进入"刀具管理器：11.tls"窗口（即进入刀具清单"11.tls"编辑界面，完成刀具清单选择的切换），单击"刀具"＞"1（T1 End Mill D20R3）"中"刀柄"＞"组合"＞"移动"，发现"位置"栏中坐标显示"0 0 50.5195"，如图 9-45 所示，表示 1 号刀具需悬长 50.5195mm 才不会发生干涉碰撞。

图 9-44　选择刀具清单 "11.tls"

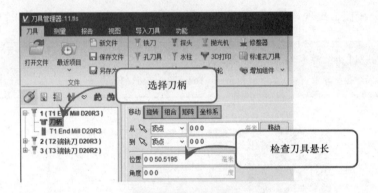

图 9-45　刀具悬长

说明：刀柄悬长量 50.5195mm 是基于刀柄 HSK100AER32100M 的外形；且在 VERICUT 中刀柄外形制作时初始 Z 坐标为零，如图 9-46 所示；勾选 "计算刀具最小夹持长度" 后，刀柄与工件的最小间隙设置为 0.5mm，如图 9-47 所示。

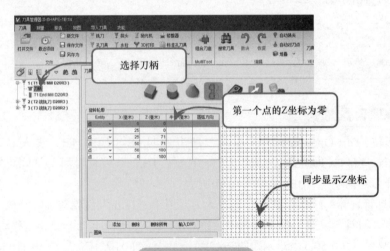

图 9-46　刀柄外形

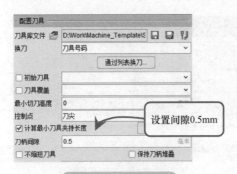

图 9-47 刀柄间隙

工位 1 中各程序仅使用 1 号刀具 "T1 End Mill D20R3" 加工，故 2 号、3 号刀具悬长未变，依然是 50mm，见表 9-7。

表 9-7 工位 1 刀具悬长

序号	工位	刀具	刀具悬长坐标	备注
1	工位 1	T1 End Mill D20R3	0 0 50.5195	参与切削
2	工位 1	T2 End Mill D20R3	0 0 50	不参与切削
3	工位 1	T3 End Mill D20R2	0 0 50	不参与切削

参考该方法，检查刀具清单 "22.tls" 中各刀具悬长坐标，见表 9-8。

表 9-8 工位 2 刀具悬长

序号	工位	刀具	刀具悬长坐标	备注
1	工位 2	T1 End Mill D20R3	0 0 40.5	参与切削
2	工位 2	T2 End Mill D20R3	0 0 44.1523	参与切削
3	工位 2	T3 End Mill D20R2	0 0 73.5078	参与切削

综合上述，为同时满足两个工位加工时刀具不干涉碰撞，1 号、2 号、3 号刀具悬长需分别 ≥ 50.5195mm、≥ 44.1523mm、≥ 73.5078mm，一般刀柄与工件间隙推荐值 1～5mm，故刀具悬长分别设置为 55mm、45mm、75mm，见表 9-9。

表 9-9 刀具悬长

序号	工位	刀具	刀具悬长坐标
1	工位 1	T1 End Mill D20R3	0 0 55
2	工位 1	T2 End Mill D20R3	0 0 45
3	工位 1	T3 End Mill D20R2	0 0 75
4	工位 2	T1 End Mill D20R3	0 0 55
5	工位 2	T2 End Mill D20R3	0 0 45
6	工位 2	T3 End Mill D20R2	0 0 75

由于当前在 "刀具管理器：22.tls" 窗口（即刀具清单 "22.tls" 编辑界面），单击 "刀具" > "最近项目"，选择刀具清单 "S-SHAPE-1B.tls"，如图 9-48 所示。

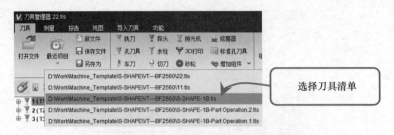

图 9-48　选择刀具清单"S-SHAPE-1B.tls"

进入"刀具管理器：S-SHAPE-1B.tls"窗口（即进入刀具清单"S-SHAPE-1B.tls"编辑界面），单击"刀具"＞"1（T1 End Mill D20R3）"中"刀柄"＞"组合"＞"移动"＞在"位置"栏中输入坐标"0 0 55"，在其他任意栏中单击或按〈Enter〉键确认，如图 9-49 所示，表示 1 号刀具悬长 55mm。

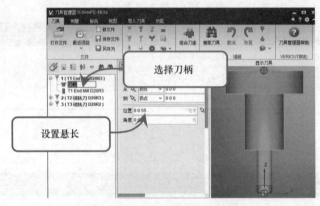

图 9-49　设置 1 号刀具悬长

同理，单击"2（T2 端铣刀 D20R3）"中"刀柄"＞"组合"＞"移动"，在"位置"栏中输入坐标"0 0 45"，在其他任意栏中单击或按〈Enter〉键确认，如图 9-50 所示，表示 2 号刀具悬长 45mm。

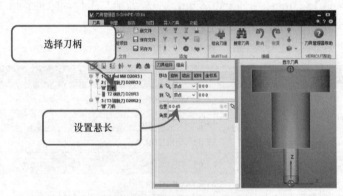

图 9-50　设置 2 号刀具悬长

单击"3（T3 端铣刀 D20R2）"中"刀柄"＞"组合"＞"移动"，在"位置"栏中输入坐标"0 0 75"，在其他任意栏中单击或按〈Enter〉键确认，如图 9-51 所示，表示 3 号刀具悬长 75mm。

图 9-51 设置 3 号刀具悬长

目前，"工位：Part Operation.1"和"工位：Part Operation.2"均选用刀具清单"S-SHAPE-1B.tls"，如图 9-52 所示，完成刀具悬长整理。

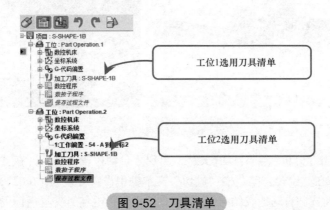

图 9-52 刀具清单

> 说明："工位：Part Operation.1"和"工位：Part Operation.2"可均选取刀具清单"S-SHAPE-1B.tls"，也可分别选取刀具清单"11.tls""22.tls"，可按使用者习惯操作，避免由于某些原因重新从CATIA 代入 VERICUT 仿真时被覆盖。

9.3.16 程序仿真

单击 VERICUT 界面右下角"重置模型"按钮，如图 9-53 所示，进入复位状态。

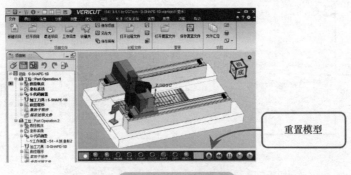

图 9-53 重置模型

单击 VERICUT 界面右下角"仿真"按钮，如图 9-54 所示。

图 9-54　启动仿真

VERICUT 进行数控程序模拟仿真，直至工位 1、工位 2 所有程序结束，若有问题或错误将在"VERICUT 日志器"中显示，如图 9-55 所示。

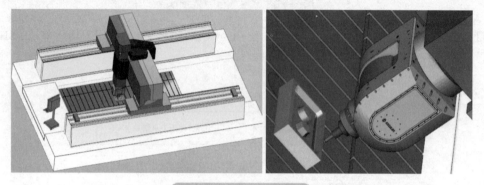

图 9-55　程序模拟仿真

在主菜单中单击"分析">"自动比较"，出现"自动比较"窗口，在"比较类型"下拉列表中选择"过切"，在"比较公差"栏"过切"文本框中设置公差为"0.02"，"颜色"下拉列表中选择"1:Red"，勾选"自动比较结果"，分别点选设计、毛坯、夹具后面的"实体"选项，单击"比较"，耐心等待若干秒，将会出现对比结果，如图 9-56a 所示。

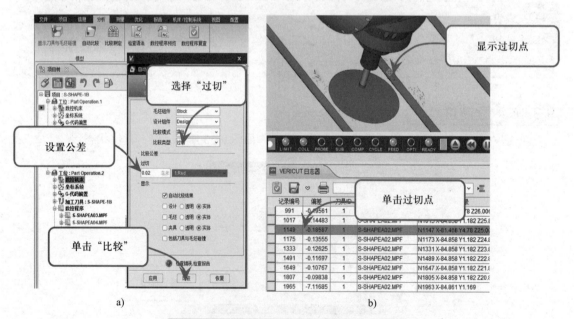

a)　　　　　　　　　　　　　　　　　b)

图 9-56　自动比较"过切"设置、对比结果

a)"过切"设置　b)对比结果

在机床视图界面中会出现"过切点"，在"VERICUT 日志器"中会出现"过切"的具体程序名、刀号、行号及坐标位置，二者等效；在日志表中单击某一"过切点"时，机床视图界面中对应"过切点"立即高亮显示，如图 9-56b 所示；在"VERICUT 日志器"中双击某一"过切点"时，机床视图界面中对应"过切点"立即高亮显示，同时对应数控程序会自动打开，并且数控程序中该行会处于暗黑色。

在"自动比较"窗口的"比较类型"下拉列表中选择"残留"，在"比较公差"栏"残留文本框"中设置公差为"0.05"，"颜色"下拉列表中选择"15:Blue"，勾选"自动比较结果"，分别点选设计、毛坯、夹具后面的"实体"选项，单击"比较"，耐心等待若干秒，将会出现对比结果，如图 9-57a 所示。

在机床视图界面中会出现"残留点"，在"VERICUT 日志器"中会出现"残留"的具体程序名、刀号、行号及坐标位置，二者等效；在日志表中单击某一"残留点"时，机床视图界面中对应"残留点"立即高亮显示，如图 9-57b 所示；在"VERICUT 日志器"中双击某一"残留点"时，机床视图界面中对应"残留点"立即高亮显示，同时对应数控程序会自动打开，并且数控程序中该行会处于暗黑色。

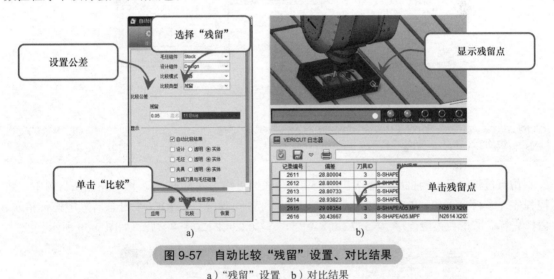

图 9-57　自动比较"残留"设置、对比结果

a）"残留"设置　b）对比结果

"过切"与"残留"需结合具体工件进行判断分析，初次使用建议请专业人员指导。

提示：①"过切""残留"的比较公差的设置与切削公差的设置（VERICUT 中路径按"项目>属性>切削公差"）有较大关联。

②理论上切削公差设置越小，仿真越精确，对比越准确。只是受工件数模结构复杂程度、尺寸大小、数控程序大小、计算机内存容量限制、仿真效率等因素影响。当切削公差设置较小时，"过切""残留"可能无法进行对比；反之，当切削公差设置较大时，如 5~10mm，有些"过切""残留"可能被忽略掉，导致对比失效。

③笔者经验，推荐切削公差设置为 0.5~2mm；"过切""残留"比较公差设置为 0.02~0.1mm。

④仿真过程中检查出过切、残留、碰撞干涉（含撞刀）、限位、不合理切削、错误语句等问题，当把所有问题消除后，仿真才算完成。

9.3.17 情况说明

仿真过程中"VERICUT 日志器"报出"错误：主轴转速 70 小于最小值 80"，同时左侧项目树中"数控程序"子目录下的"S-SHAPEA01.MPF"显示红色，双击"VERICUT 日志器"中该行错误，鼠标光标立即指在对应的数控程序文本报错行，如图 9-58 所示。

双击项目树中的"S-SHAPEA01.MPF"，打开数控程序文本，进入编辑状态，找到该段程序并将"S70"改成"S10000"。

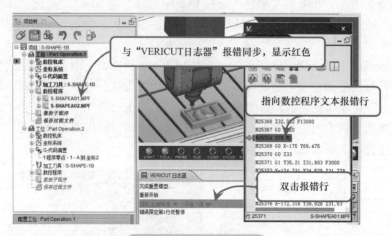

图 9-58　主轴转速报错

 说明：铣削铝合金转速"S70"是编程错误。

仿真过程中日志器报出"错误：在 559 行…快速进给去除材料…"，同时左侧项目树中"数控程序"子目录下的"S-SHAPEA04.MPF"显示红色，双击"VERICUT 日志器"中该行错误，鼠标光标立即指在该段程序"N557 G0 X-91.514 Y-36.034 Z120.158"处，如图 9-59 所示。

图 9-59　机床 C 轴限位报错

双击项目树中的"S-SHAPEA04.MPF"，打开数控程序文本，进入编辑状态，找到该段程序并改成"N557 G1 X-91.514 Y-36.034 Z120.158 F1000"。

> **说明**：该机床 C 轴行程 ±200°（机械限位）；执行该段程序时正在五轴联动，且 C 轴角度达到 197.761°，接近极限行程 200°；后置处理在生成本段程序时，已预判到该问题，故生成程序的过程为"快速抬刀→A 轴回零→C 轴反转→A 轴摆角→快速下刀→继续加工"；机床按后置程序执行"快速抬刀"或"快速下刀"动作，在抬刀或下刀的变向拐点处，其瞬间速度为零，此时有可能铣伤或蹭伤工件。解决方法是更改 G 代码、更改编程方式或更换具有合适行程的机床。

至此，完成机床 BF2560 模板关于 CATIA 接口应用示例。

参 考 文 献

[1] Siemens.SINUMERIK 840D/840Di/810D Measuring Cycles User's Guide[Z].2004.

[2] Siemens.SINUMERIK 840Dsl/828D Measuring cycles Programming Manual[Z].2013.

[3] Renishaw.Inspection Plus with TWP function for machines with Fanuc 3xi series controls Programming guide H-2000-6731-00-A[Z].2014.

[4] Renishaw.Inspection Plus software for machining centres for Siemens 810D and 840D controls Programming guide H-2000-6124-0D-A[Z].2006.

[5] HEIDENHAIN. 探测循环 用户手册 [Z].2008.

[6] CGTech.CGTech Help Library[Z].2021.

[7] 娄岳海 . 主轴制造 [M]. 北京：机械工业出版社，2011.

[8] 杨胜群 .VERICUT 数控加工仿真技术 [M].2 版 . 北京：清华大学出版社，2010.

[9] 北京兆迪科技有限公司 .CATIA V5R21 数控加工教程 [M]. 北京：机械工业出版社，2012.